El libro de la esperanza climática

Pablo Montaño

El libro de la esperanza climática

Una guía para quienes no quieren rendirse frente a la crisis

taurus

Papel certificado por el Forest Stewardship Council®

MIXTO
Papel | Apoyando la
silvicultura responsable
FSC® C180017
FSC

Penguin
Random House
Grupo Editorial

El libro de la esperanza climática
Una guía para quienes no quieren rendirse frente a la crisis

Primera edición: agosto, 2025

D. R. © 2025, Pablo Montaño

D. R. © 2025, derechos de edición mundiales en lengua castellana:
Penguin Random House Grupo Editorial, S. A. de C. V.
Blvd. Miguel de Cervantes Saavedra núm. 301, 1er piso,
colonia Granada, alcaldía Miguel Hidalgo, C. P. 11520,
Ciudad de México

penguinlibros.com

D. R. © 2025, Yásnaya A. Gil, por el prólogo

ISBN: 978-607-386-241-7

Impreso en México – *Printed in Mexico*

Para Sofía, María y Lucio,
mis raíces en este mundo

ÍNDICE

PRÓLOGO
NUESTRA VICTORIA ES LA RESISTENCIA
Yásnaya A. Gil

Tal vez no sea una buena idea comenzar hablando del fuego en el prólogo de un libro que trata sobre la esperanza ante el problema más apremiante que la humanidad enfrenta: la crisis climática y la destrucción de la vida. Digo que tal vez no sea una buena idea porque el fuego está asociado al calor, al calentamiento y, en última instancia, también a los temidos incendios. Pero permítanme hacer alusión al fuego, no como esa fuerza que, alimentada por los efectos de la crisis climática, termina con bosques, selvas y toda la vida contenida ahí, sino como una metáfora de la esperanza a la que está dedicada este libro. Pido esta licencia tratando de responder a la invitación que Pablo Montaño nos hace en este libro: "Poblar el futuro que queremos"; para ello, la fuerza de nuevas metáforas se hace necesaria. Invirtamos los papeles, pensemos que lo que se incendia es el capitalismo y que las llamaradas son destellos de vida, colectivos de personas alimentan el gran fuego que hace crepitar las estructuras de los sistemas de opresión del patriarcado, el colonialismo y el capitalismo.

Al leer las primeras páginas de este libro, nos daremos cuenta de que ahora la posibilidad de ese gran incendio que consume las estructuras de poder pareciera algo lejano, el sistema económico que está provocando la emergencia climática muestra una salud robusta, pues cuenta con miles de defensores entusiastas y publicidad que lo hace parecer no sólo soportable sino deseable, irrenunciable. Sin embargo, el fuego de la vida no ha desaparecido a pesar del complejo sistema de extintores de los que se provee el capitalismo; hay, aquí y allá, guardianas y guardianes que sostienen velas cuya pequeña luz amenazada protegen del viento, hay comunidades que mantienen vivos pequeños tizones con la fuerza de su soplo y otras más que no han olvidado la técnica con la que se crea fuego mediante el choque de las piedras. Esos fuegos, pequeños a veces, son la esperanza de la que nos habla este libro, una esperanza que, como todo fuego, tiene la potencia de convertirse en incendio, esperanza en erupción, esperanza como acción, tan bella y certeramente definida así páginas adentro.

Conocí a Pablo Montaño, junto a Violeta Meléndez, hace varios años, durante la grabación del episodio de un podcast al que me invitaron, se llamaba *2050: El fin que no fue* y se trataba de un ejercicio para poblar el futuro. Nos colocábamos, entrevistadores y personas entrevistadas, en el año 2050, hablábamos desde ahí con la premisa de que la humanidad había resuelto la crisis climática, entonces nos poníamos a narrar y a analizar los hechos del pasado para responder: ¿cómo lo habíamos logrado?, ¿qué estrategias nos habían permitido enfrentar la crisis y remontarla?, ¿cómo habíamos roto las resistencias a los cambios necesarios que nos permitieron frenar la emergencia climática? No se trataba sólo de plantear los problemas, sino de describir los caminos que tomamos para hallar las soluciones. La existencia de ese podcast me pareció fascinante, pues proponía un ejercicio de imaginación radical para avivar el fuego de la esperanza y paliar los efectos de la ansiedad climática, que puede ser absolutamente paralizante. La esperanza en la que milita Pablo es revolucionaria y combativa, no ignora las dimensiones de la crisis, parte de un conocimiento profundo, informado y colectivo. La esperanza a la que se te convoca en este libro sabe de los datos duros que la ciencia ha proveído sobre las emisiones de gases de efecto invernadero, es una esperanza que no se deja engañar por las falsas soluciones

que plantea un supuesto capitalismo "verde", es una esperanza
que se ha forjado en las profundidades terribles del miedo y de
las peores predicciones. Se trata de una esperanza que visitó los
infiernos pero salió fortalecida. No hay ingenuidad, hay una
apuesta por la vida.

Este libro contiene su antídoto. Si no conoces sobre la
emergencia climática, encontrarás aquí información confiable
articulada de manera tan clara que es posible que te genere, si
aún no la has experimentado, la cada vez más frecuente ansiedad climática. Enseguida te preguntarás: ¿qué puedo hacer
yo? Las respuestas a esa pregunta harán que la reformules:
¿qué podemos hacer nosotros? Capítulo por capítulo intenta-
rás tomar caminos que se revelan falsos o insuficientes, pero
al final habrás construido una esperanza cimentada en casos
concretos. La evidencia que se nos presenta sobre la posibilidad
de otro mundo es sólida y, por lo mismo, nos invita a la acción,
como el mismo autor nos lo dice: "La esperanza se imaginó
practicándola".

Otro de los aspectos centrales de este libro es que enfoca
la crisis climática como una crisis sostenida por un mundo na-
rrativo perversamente construido. Pablo va describiéndonos a
detalle el engranaje de las trampas narrativas e invita a crear
narrativas que son fuegos anticapitalistas también. Nos advierte siempre que no hay que abandonarnos a la frustración de
no estar habitando los mundos que ya estamos construyendo
narrativamente para el futuro.

Todo sistema de opresión necesita de una red de relatos
que le construyen una máscara que disimule o incluso haga
parecer atractivo su verdadero rostro destructor. El patriarcado ha hallado en las narraciones del amor romántico un elemento fundamental para que, en nombre de las expectativas
y justificaciones que han construido esos relatos, la violencia
machista parezca algo que tenemos que soportar en nombre
del amor eterno. La opresión que ejercen las estructuras de los

Estados-nación se ve suavizada e incluso luce deseable cuando
está vestida con los trajes narrativos del nacionalismo; el odio a
los migrantes empobrecidos se puede disfrazar de amor a la pa-
tria. Los sistemas de opresión que ha generado la emergencia
climática no pueden sostenerse sin la mercadotecnia y las cada
vez más sofisticadas maneras en que la publicidad capitalista crea universos narrativos que inoculan y colonizan nuestros
deseos con el fin de hacer crecer la riqueza de unos cuantos; la
mercadotecnia difumina el hecho de que los ecosistemas estén
en grave riesgo y oculta la capacidad de destrucción ambiental
concentrada en las decisiones de alguien como Elon Musk,
al mismo tiempo que se le narra como un genio innovador que
llevará a la humanidad al planeta Marte.

Para esta necesaria lucha por la creación de múltiples mundos narrativos que pongan en crisis el cuento unificado del capitalismo, Pablo no sólo nos invita a gritar que el emperador va
desnudo, sino que nos muestra ejemplos en donde la creatividad
narrativa ha jugado un papel fundamental para desarticular
mentiras y lograr victorias concretas en las luchas en las que él
ha participado.

La esperanza activa que nos presenta Pablo en este libro
es realista, tal vez no lleguemos al momento en el que por fin
podamos hablar "del fin que no fue", tal vez no nos toque contemplar el gran incendio que consumirá al capitalismo y a los
sistemas de opresión asociados, pero, para que eso sea posible,
habrá sido indispensable el esfuerzo de todos aquellos que no
dejaron morir la llama tambaleante de la vela que traían en las
manos. Mantener viva la llama tal vez no sea una acción ro-
deada del aura heroica que poseen quienes protagonizan el clí-
max de una revolución incendiaria, pero, sin esa llama, nunca
habría habido incendio. Imagino a Pablo, a su esposa Sofía, a
su hija María y al pequeño Lucio sosteniendo en colectividad
las velas de la esperanza encendidas, avivando la llama cuando
es posible, protegiéndola de los ventarrones cuando las cosas se

complican. Tal vez no nos toque protagonizar el incendio contra el capitalismo que esas velas de esperanza van a provocar, pero mantenerlas vivas, resistiendo, es indispensable porque, como nos dice Pablo, nuestra victoria es la resistencia.

ENTRADA

Este libro lo escribí entre muchas pequeñas interrupciones. Me despertaba de madrugada buscando ganarle unas pocas horas al resto de mi familia y a los veinte minutos entraba mi hija María con un bote de mango, con un experimento que había dejado reposando durante la noche o con alguna pregunta aleatoria. A veces era su hermano menor el que llegaba; con su noble espíritu de capibara, llegaba a sentarse arriba de mí y después se iba. Esas interrupciones me obligaban a tocar tierra, repasar y volver a definir por qué estoy escribiendo lo que escribo y por qué me dedico a lo que me dedico. Tengo esperanza, es una esperanza que he conseguido cultivar a lo largo de varios años, tiene muchas capas y antes de este libro estaba revuelta, con poco orden en mi cabeza. Espero que este libro al final les hable a ellos dos, a mi hija y a mi hijo, que les sirva en algún momento de sus vidas, ya que serán muy distintas en varios aspectos a la mía. Es una carta o una guía para navegar la parte emocional del colapso. Es una carta para mi esposa, a quien sé que de unos años para acá la ha alcanzado la ansiedad por la situación climática, y que no siempre encontramos el tiempo y las formas de compartir con calma cómo es que podemos hacer algo frente a esto tan grande. Naturalmente espero que este libro sirva también para quienes atraviesan emociones similares y quieran asomarse a la crisis climática y al mismo tiempo tener una ruta para hacer algo con lo que lleguen a descubrir.

Este ensayo está tejido a partir de las conversaciones, lecturas y experiencias colectivas de varios años. La esperanza es posible, pero no como nos la han vendido en muchas ocasiones. Creo que necesitamos una esperanza clara en los hechos sobre lo que está pasando, afianzada en los hechos, y al mismo tiempo alentada por la fascinación por el planeta que habitamos y la vida que en él hay, ya que desde ahí puede crecer una búsqueda por organizarnos para salvar lo mucho que tenemos. No es un libro de autoayuda, aunque temo que termine en esa sección de las librerías. Busca ser de ayuda colectiva, organizada, acompañada, de alianzas improbables e incluso interespecie: para ayudarnos frente a lo que tenemos delante. Es un libro que espero sirva de testimonio para mis hijos y las próximas generaciones, para hablarles sobre todo lo que hicimos y quisimos hacer por preservar la vida en el planeta que les quedará. Pues, a fin de cuentas, como sabiamente le dice Gandalf a Frodo en las minas de Moria: "Todo lo que tenemos que decidir es qué hacer con el tiempo que se nos ha dado".[1]

---

[1] J. R. R. Tolkien, *El señor de los anillos. La comunidad del anillo*, México, Minotauro, 1954.

1

¿DÓNDE ESTAMOS Y CÓMO
LLEGAMOS HASTA AQUÍ?

Es normal que no queramos hablar o escuchar sobre algo que lleva el nombre de *crisis climática*. Huir de esa conversación parece sensato. Pero no podemos salvarnos de una situación crítica simplemente ignorándola, eso no pasa. Y aunque el camino para entender qué es lo que está pasando duele, nos ayuda a definir qué es lo que debemos hacer. Me cuesta trabajo escuchar anécdotas sobre las nevadas que caían antes en Chihuahua, los venados que se veían con regularidad en la Sierra de Majalca o los ríos de agua cristalina en los que se podía nadar en las afueras de la Ciudad de México. Es doloroso sentir nostalgia por algo que ni siquiera viviste, pero, como dice el periodista George Monbiot, "recordar es un acto radical".[2] Por lo que la tarea de enfrentar la crisis climática también es una labor de memoria, de mantener vivo el recuerdo del lugar en el que estamos, de la mucha vida que este planeta puede sostener, de la diversidad que tiene, de los muchos ruidos, de las muchas y complejas conexiones que existen para sostener la vida que nos ha fascinado y permitido llegar a este momento donde estás empezando a leer este libro.

Posiblemente has sentido desesperación o una tristeza muy profunda que quieres guardar, encapsular, incluso olvidar; esa ansiedad que se despierta con las noticias de un feroz incendio

---

[2] George Monbiot, *This Can't Be Happening*, Londres, Penguin Green Ideas 4, 2020. [La traducción de la cita es mía.]

arrasando una cantidad incomprensible de hectáreas, o con el calor insoportable de una tarde de mayo o un huracán de fuerza y tamaño inédito, o con la forma que adopte la crisis climática en tu región, es normal. Nos mueve la naturaleza, no hace falta ser biólogo para querer impedir la tala de un árbol o para ayudar a un pájaro herido, lo hacemos sin ni siquiera saber qué pasa, la vida nos llama a cuidar la vida. Parafraseando a la brillante activista india Vandana Shiva: esa ansiedad que sentimos es la propia Tierra hablándonos a través de nuestra olvidada pero innegable conexión con ella, pidiéndonos que "nos salvemos" a nosotros mismos salvándola a ella.[3]

¿QUÉ ESTÁ PASANDO CON LA CRISIS CLIMÁTICA?

Este capítulo, adelanto, es un trago amargo para romper con la condición de aislamiento mediante la cual queremos protegernos de la realidad que habitamos. A veces usamos ejercicios de salud mental, por lo general con nombres en inglés que suenan a tendencias de Instagram —autocuidado, wellness, headspace—, que están muy bien para ayudarnos con nuestra ansiedad, pero éstos se han ido convirtiendo en meros pretextos para ignorar nuestra realidad, formas para crear una barrera. Esta tendencia a aislarnos de lo que nos angustia es un mecanismo de defensa, es natural que busquemos hacerlo, es una respuesta sencilla pero que sólo funciona parcialmente: "Si no lo veo, no existe". Las corrientes de Instagram se alimentan de y distorsionan un deseo natural por encontrar un equilibrio en medio de un mundo que claramente ha perdido el suyo. Pero contrario al "éxito" que uno puede tener para aislarse de realidades lejanas como guerras, hambruna, desastres ocurridos al otro lado del

---

[3] Vandana Shiva, *Who Really Feeds the World?*, Berkeley, North Atlantic Books, 2016.

mundo, o incluso cinturones de miseria en nuestra propia ciudad y un larguísimo etcétera, aislarse de la crisis climática es imposible. Nada ocurre fuera del clima, nadie escapa o escapará de sus impactos. Puedes ignorar la existencia de la crisis, bajo tu propio riesgo, pero eso no te asegura ninguna forma de impunidad. Aunque dé miedo, vale más entender en qué estamos metidos en este momento.

Breve resumen de la crisis climática

Hace años, mi maestra de geografía de primero de secundaria nos mostró a mí y a mis compañeros la clásica imagen del oso polar equilibrista luchando por mantenerse sobre un insuficiente pedazo de hielo. Como para muchos que me están leyendo, aquella fue la primera imagen que vi sobre las implicaciones de la crisis climática. En ese momento me la presentaron como *calentamiento global*; una forma poco alarmante de nombrar el cataclismo en el que nos encontramos. El problema de la representación sencilla y viral del jodido oso polar es que por décadas la crisis climática se presentó como un serio problema… para los osos polares. Esta concepción del *calentamiento global* implicó que, por mucho tiempo, la mayoría de las personas asumiéramos que se trataba de un inconveniente que sólo o principalmente afectaba a una recóndita especie de simpáticos mamíferos de pelo blanco.

Perdimos mucho tiempo de reacción debido a esa representación, pero no culpo a mi maestra de geografía; más adelante, en el capítulo "Nos jodieron los Mad Men", explicaré cómo esta versión reducida de la problemática climática no fue idea de una maestra de secundaria de Chihuahua, sino un proyecto de desinformación bien articulado. Si en vez de hablar de la crisis climática como un problema de osos polares nos hubieran mostrado imágenes de Tabasco, con inundaciones de metro y medio de altura —o de cualquier otro lugar que le resultara cercano al público en cuestión—, quizá nos habríamos sentido más implicados e interesados. Si el argumento de la relevancia de la crisis nos hubiera llegado por el lado de las variaciones en los ciclos de lluvia, la disponibilidad de agua o el surgimiento de olas de calor cada vez más intensas, tendríamos mucho más arriba en nuestra lista de prioridades las políticas de acción por el clima en lugar de tantos otros temas.

Sin embargo, el daño está hecho, hoy tenemos que remar contra una corriente de desinterés y de negación climática. Pero como ya lo dijimos, no porque no creas en la fuerza de gravedad eres más propenso a volar. Y es que la crisis climática es tan real como la fuerza de atracción que ejerce la Tierra y que nos impide flotar libremente. Está pasando, la estás atravesando.

Seré muy breve en explicarlo para no convertir esto en un libro de ciencia climática. En resumen, lo que ocurre es lo siguiente: nuestro planeta tiene una atmósfera compuesta por gases de efecto invernadero (GEI), de los cuales el dióxido de carbono (CO_2) y el metano (CH_4) son los más comunes. Afortunadamente tenemos esta atmósfera, de lo contrario el planeta sería una pelota de hielo flotando en el espacio. Esta atmósfera atrapa el calor que nos llega del Sol: entran los rayos del Sol, rebotan contra la Tierra y la atmósfera impide que el calor se escape. Todo muy bien hasta aquí, pues gracias a esa atmósfera la vida como la conocemos es posible. Esa atmósfera puede cambiar en la cantidad de GEI que la conforman, es decir que puede haber más o menos gases en ella, lo que repercute en qué tanto calor se atrapa. En los últimos 180 años los seres humanos hemos sumado más GEI a la atmósfera, muchos, muchísimos más, particularmente en los últimos cuarenta años, periodo en el que se ha acelerado la lógica de un modelo económico que exige crecer económicamente. ¿De dónde salen esos gases? Principalmente, alrededor de 75% de los combustibles fósiles como el gas, el petróleo y el carbón. La extracción y quema de petróleo, carbón y gas fósil (mal llamado gas natural) son las principales fuentes de este aumento de GEI en la atmósfera.

¿Qué tan grave es?

La cantidad de GEI que hemos sumado a la atmósfera ya ha cambiado el clima de nuestro planeta de forma considerable. La idea de *impedir el cambio climático* no es posible, pues el clima ya cambió. Se estima que hemos calentado el planeta en 1.4 °C con respecto a la temperatura que se tenía en la era preindustrial, es decir, a finales del siglo XIX. Mi bisabuelo nació en las últimas décadas de 1800, el mundo que él vivió era muy distinto al nuestro. Esta variación de temperatura pudiera parecer poca cosa si la vemos fuera de contexto, es decir, no suena grave que, hace poco más de un siglo, la temperatura de la ciudad de Guadalajara en mayo fuera de 27 °C y ahora sea de 28.4 °C. Pero, además de que el ejemplo es impreciso, pues Guadalajara es un sauna enfurecido, debemos tener en cuenta que este aumento no es lineal, no sube la temperatura de forma pareja en todos lados. Resulta más útil pensar este incremento como una afectación a la temperatura corporal, dado que nuestro planeta se comporta como un organismo vivo. En una persona, la diferencia entre tener una temperatura de 37 °C o una de 38.4 °C es considerable. La primera es la temperatura corporal normal de un ser humano, la segunda es una fiebre importante que te puede impedir realizar un buen número de actividades y que seguramente te tendría en cama o, si persiste, llevarte al hospital. Es esencial recordar a lo largo de todo este libro que cada fracción de grado cuenta y mucho.

Para terminar de subrayar la importancia del CO_2 en la atmósfera recurro a un último dato. En la historia de nuestro planeta han ocurrido cinco extinciones masivas, así se les llama a los eventos geológicos que han provocado la extinción de más de 75% de las especies del planeta. Cinco veces se ha reseteado la vida en el planeta, con distinta gravedad en cada una de ellas. De esas cinco extinciones masivas, cuatro han sido provocadas por variaciones de CO_2 en la atmósfera, la quinta fue ocasionada por el meteorito que acabó con los dinosaurios. Cambiar la concentración de CO_2 en la atmósfera es muy grave. Por si fuera poco, la velocidad a la que los seres humanos hemos emitido CO_2 durante los últimos 150 años es diez veces más rápida a la que produjo la extinción masiva más grande que ha habido en la historia del planeta, ocurrida hace 250 millones de años.[4] En otras palabras, nuestra situación es grave, las señales de alteración de patrones naturales se pueden ver en todas partes y hay una preocupación extrema generalizada entre científicos que estudian el clima y los fenómenos que se le asocian de manera directa.

La crisis climática no sólo implica más calor. La cantidad de alteraciones que provoca es enorme y muchas de ellas se siguen estudiando o incluso se están descubriendo al darnos cuenta de la gran variedad de factores que se entrelazan entre nuestros sustentos de vida y la temperatura global. A continuación enlisto y explico algunas de estas alteraciones sin afán de agotar todas las que hay o de restarle importancia a alguna que no haya sido mencionada. Digamos que se trata de mi lista personal de preocupaciones climáticas:

1. *Sequía y cambios de patrones de lluvia.* Soy de Chihuahua y, por lo tanto, el agua (o la falta de ésta) me mueve personalmente. La crisis climática altera los patrones de lluvia: en algunos sitios llueve menos y en otros puede llegar a llover más. El calor extremo aumenta la velocidad de evaporación de los cuerpos de agua y seca más la tierra, de manera que se absorbe más rápido el agua al caer. A su

---

[4] David Wallace-Wells, *The Uninhabitable Earth. Life After Warming*, Nueva York, Tim Duggan Books, 2019.

vez, puede ser que siga lloviendo la misma cantidad de agua año con año, pero puede ser que ésta se concentre en pocos episodios, es decir, que en un par de días puede llover lo que normalmente llovía en un mes, o, como en el caso de la Dana en Valencia en 2024, que en ocho horas llueva lo que normalmente llovía en un año.

2. *Huracanes*. Los huracanes con mayor fuerza se vinculan a la crisis climática por una razón muy sencilla: océanos con agua más caliente (el océano absorbe el 91% del exceso de calor producido por el cambio climático)[5] implican que hay más energía disponible para la formación de huracanes. Este fenómeno provoca que los huracanes se puedan acelerar en su crecimiento de formas que antes era imposibles. Éste fue el caso del huracán Otis, que azotó Acapulco en 2023: pasó de categoría 1 a categoría 5 en menos de 24 horas.

3. *Acidificación de los océanos*. El exceso de CO_2 en la atmósfera es absorbido principalmente por los océanos, lo cual provoca que se vuelvan más ácidos. El CO_2 incorporado al agua (H_2O) se convierte en ácido carbónico (H_2CO_3). Esto es grave dado que muchos organismos marinos dependen de condiciones particulares de acidez para sobrevivir, por ejemplo, los organismos calcificadores como los corales o los animales con concha. En un océano más ácido, estos organismos tienen menos posibilidades de calcificar para crecer su esqueleto o su concha. Ésta es una de las amenazas para los corales, de los que depende una de cada cuatro especies que viven en el mar.

---

[5] Rebecca Lindsey y LuAnn Dahlman, "Climate Change: Ocean Heat Content", *NOAA Climate.gov*, 6 de septiembre de 2023. Disponible en: https://www.climate.gov/news-features/understanding-climate/climate-change-ocean-heat-content#

4. *Incremento del nivel del mar.* Uno de los impactos más conocidos de la crisis climática es el derretimiento de los polos, la reserva de agua dulce más grande del planeta, y esto provoca que suba el nivel del mar. Este incremento se suma al hecho de que a mayor temperatura el agua ocupa más espacio, lo que implica un aumento en el nivel del mar aún mayor. Las costas de todo el mundo se están viendo modificadas por este fenómeno. Se trata de un fenómeno difícil de asimilar, pues desaparece la geografía misma. Por ejemplo, los habitantes de la comunidad de El Bosque, en Tabasco, han visto cómo desaparece el lugar en el que crecieron, la iglesia en la que se casaron, sus casas, todo lo que tenía un lugar en sus memorias.

Otros fenómenos que se quedan en mi mente son los incendios forestales, provocados por las elevadas temperaturas y las sequías, o el cambio en la distribución de masa en la Tierra, que está provocando que se ralentice la rotación del planeta. En fin, la cuestión es que las alteraciones se interconectan, se retroalimentan y podríamos dedicar un libro a cada fenómeno. La realidad es que estamos creando un planeta muy distinto al que nuestros antepasados conocieron. En 2019 rebasamos por primera vez la concentración de 400 ppm (partes por millón) de CO_2 en la atmósfera. Este dato quizá no diga mucho por sí solo, pero la última vez que la atmósfera tuvo esta concentración de CO_2 fue hace aproximadamente tres millones de años. En ese entonces los océanos tenían 25 metros más de altura, no había hielo en los polos y tampoco había seres humanos en el planeta, pues la aparición de nuestra especie se calcula que ocurrió hace 150 000 años. Estamos arrojándonos a terreno desconocido como especie.

Hay que decirlo claramente: esto es un consenso. La idea de que la comunidad científica no está del todo de acuerdo con los impactos y orígenes de la crisis climática es falsa. La NASA estima el consenso entre científicos en un 97% y un estudio sobre más de 88 000 investigaciones climáticas[6] determina el consenso en torno a la crisis climática como un fenómeno provocado por el ser humano en un 99.9%. Ninguna persona de la comunidad científica climática que tome en serio su trabajo puede afirmar que esta crisis no es un tema de gravedad y máxima urgencia. Si te encuentras con alguien que se presente como una persona de ciencia y sostiene lo contrario, estás frente a un charlatán o alguien pagado por la industria fósil —de estos últimos hay varios, así que no está de más averiguar quién está pagando la investigación que "sustenta" sus posturas.

Una vez que ha quedado clara la urgencia de responder a esta crisis, revisemos qué es lo que se ha hecho hasta este momento.

¿QUÉ HEMOS HECHO FRENTE A LA CRISIS?

Prometo que hay luz al final de este túnel, pero primero tenemos que excavar un poco más. Frente a esta crisis se ha dicho y hecho mucho, sin embargo, las respuestas no han llegado. Es decir, si usamos la trillada analogía de la casa en llamas —nuestra casa—, tendríamos que decir que no hemos frenado en lo más mínimo el incendio. Las llamas siguen avanzando de habitación en habitación, en gran medida, porque hay un grupo de personas —empresarios y gobiernos— arrojando bidones de gasolina al incendio; lo justifican argumentando que esto es necesario para no afectar la economía, para

---

[6] Mark Lynas, *et al.*, "Greater than 99% consensus on human caused climate change in the peer-reviewed scientific literature", *Environmental Research Letters*, vol. 16, núm. 11, octubre de 2021. Disponible en: https://iopscience.iop.org/article/10.1088/1748-9326/ac2966

"crear" empleos o acelerar el crecimiento económico. Hay otros que pretenden reacomodar los muebles, hablando de lo importante que resulta ralentizar lo más posible la destrucción inevitable del incendio. Finalmente, otros tantos pretenden levantar barreras de cartón, pensando que serán suficientes para detener el problema. Quizá pueda parecer absurda la analogía, pero también es absurdo el momento en el que nos encontramos.

Guía rápida de los espacios climáticos y sus alcances

Al momento de escribir estas líneas acaba de concluir la Conferencia de las Partes sobre el Cambio Climático (cop) número 29. La cop es el órgano rector de la Convención Marco de las Naciones Unidas sobre el Cambio Climático; en otras palabras, el espacio que definió la onu para articular una respuesta a la crisis climática. Las cop vienen realizándose desde principios de los años noventa; entre de sus hitos más reconocidos está la firma del Acuerdo de París en la cop21, en el año 2015. Si evaluamos a estas conferencias a partir de su principal objetivo —limitar el calentamiento del planeta—, podemos decir que han sido uno de los esfuerzos más estériles en la historia de la diplomacia global. Sé que esta afirmación incomodará a más de alguna persona en el gremio ambientalista y climático, así que les mando un abrazo, pues lo sostengo. Las cop no sólo han sido una pérdida de tiempo, sino que han sido esenciales para desarticular una respuesta que rete el origen de la crisis climática.

Me explico. Hay dos problemas esenciales con las cop, seguro podemos enlistar más, pero éstos son los principales y los que yo he vivido de forma directa. El primero es un problema de diseño: su respuesta frente a la crisis climática ha consistido en perseguir la descarbonización de la economía global. Esta idea en principio parece positiva: si el carbono (el CO_2) es lo que está calentando el planeta, entonces la respuesta directa debe ser sacarlo de las actividades humanas. Sin embargo, esta "solución" lineal deja fuera de toda crítica y revisión al modelo económico que exacerbó y aceleró la crisis, el capitalismo. Así, la lógica de descarbonización propone conservar la conflictiva idea de crecimiento económico infinito, caracterizada por una demanda, un consumo y una extracción de materiales y agua exponenciales, con la salvedad de que ahora se seguirá haciendo todo eso sin generar más emisiones de GEI. La mala noticia es que no tenemos solamente un problema de emisiones. La crisis climática va mucho más allá de la emisión de gases, el planeta es un sistema complejo altamente interconectado y no basta con reducir las emisiones. Además, ha resultado imposible deslindar el crecimiento económico del aumento de nuevas emisiones. El crecimiento económico no ocurre en lo abstracto, sino que se refleja en materiales, en minerales, en combustibles, en acaparamiento de agua. Incluso el crecimiento de la economía digital tiene un gran impacto físico; los centros de datos, particularmente los de la inteligencia artificial, tienen un costo energético y una demanda de agua considerable.[7]

De cualquier manera, uno pensaría que el hecho de que las COP estén tan enfocadas en las emisiones las ha llevado a poner su principal blanco de acción en frenar a la industria fósil, dado que es la principal responsable de las emisiones. Y podrían hacer esto imponiendo planes de salida y medidas de castigo a quienes insistan en extraer más hidrocarburos, pues recordemos que más de 75% de las emisiones provienen de combustibles fósiles.[8] Pues no, la primera vez que se hizo mención de los combustibles fósiles en un texto oficial de la

---

[7] Los servidores absorben una gran cantidad de agua y de energía, la ciudad de Querétaro está enfrentando conflictos socioambientales en la disputa por el agua contra centros de inteligencia artificial.

[8] International Energy Agency, *Greenhouse Gas Emissions from Energy Data Explorer*, 2024. Disponible en: https://www.iea.org/data-and-statistics/data-tools/greenhouse-gas-emissions-from-energy-data-explorer

cop fue en 2023.[9] Es decir que se evitó señalar al elefante en el cuarto de la crisis climática durante casi tres décadas. Esto no es un accidente, lo que nos lleva al segundo gran problema de las cop, el cual tiene que ver con los intereses que se ven representados en ellas. Los intereses de la industria fósil han dominado estos espacios y últimamente la manipulación ya no tiene máscara. El ejemplo más claro y descarado es éste: las cop tienen una presidencia elegida por el país sede, esta presidencia tiene la responsabilidad de organizar los diálogos y propiciar que se alcancen acuerdos ambiciosos. Los presidentes de las últimas dos cop (Dubái 2023 y Azerbaiyán 2024) han sido directores de empresas petroleras de sus respectivos países. Resulta ingenuo pensar que estos personajes pueden operar para limitar y terminar con su propio negocio. No es el bar en manos del borracho, sino la reunión de alcohólicos anónimos en manos del cantinero.

Partiendo de estas dos condiciones, las negociaciones internacionales están incapacitadas para lograr avances, pues se debaten con lo imposible: conservar el *statu quo* y lograr una transformación profunda del funcionamiento de nuestra sociedad. El Acuerdo de París, firmado por 195 países y que define el rumbo que debemos seguir para enfrentar la crisis, es dramáticamente insuficiente. Si todos los países cumplieran sus compromisos, la temperatura del planeta podría aumentar hasta 2.9 °C antes de que termine el siglo,[10] y esto es si en efecto todos los países del mundo cumplen sus acuerdos. Con un incremento de esa temperatura, varias zonas del planeta se volverán inhabitables, algo particularmente peligroso para las naciones

---

[9] Para quien haga las cuentas, no, el Acuerdo de París no menciona ni una sola vez los combustibles fósiles.

[10] Si se cumplieran además los compromisos condicionales, llegaríamos a 2.5 °C, esto se actualizó en noviembre de 2023, en un reporte del Programa para el Medio Ambiente de la onu. Disponible en: https://www.unep.org/resources/emissions-gap-report-2023

insulares, las cuales no tienen posibilidad de sobrevivir con el aumento del nivel del mar que provocaría esa temperatura.

Necesitamos otras vías y formas de organización que no estén en manos de los precursores de la crisis. Seguir volteando a ver el meteorito, esperando que traicione su naturaleza y milagrosamente cambie de trayectoria o implosione por sí solo es absurdo.

Más adelante hablaré más a fondo sobre el capitalismo, pero por ahora es importante dejar en claro lo siguiente: el capitalismo, en esencia, no puede no crecer, y la respuesta de sus promotores frente a la crisis climática de seguir creciendo pero ahora de manera "verde" resulta inviable. El planeta cuenta con una cantidad limitada de "recursos" y la expansión de la economía exige disponer de ellos cada vez más. La lógica exponencial de la economía capitalista, de acuerdo con el economista Jason Hickel, demanda un crecimiento anual a un nivel global equivalente a toda la economía del Reino Unido.[11] La idea es difícil de asimilar. Lo que el capitalismo propone —y exige— es que cada año se sume a escala global todo lo que genera una de las economías más grandes del mundo. Que se consiga todo ese "crecimiento" año con año, y cada vez más. Y que esto ocurra en un planeta ya de por sí agotado en la mayoría de sus límites resulta suicida.

¿POR QUÉ NO NOS PONEMOS DE ACUERDO?

Después de lo que acabamos de repasar, el desánimo es razonable. Pero en las siguientes páginas veremos que la falta de respuesta a la crisis climática no es producto de la mala suerte o una simple falta de la humanidad, sino un esfuerzo deliberado

---

[11] Jason Hickel. *Less is More*, Londres, Penguin Random House, 2020. [La traducción de la cita es mía.]

por desarticular la resistencia a los factores que crearon y aceleran la crisis. El reportaje "Losing Earth. The Decade We Could Have Stopped Climate Change" (Perdiendo la Tierra. La década en la que estuvimos cerca de detener la crisis climática) de *The New York Times* hace referencia a los años entre 1979 y 1989: en ese momento ya teníamos la mayor parte de la información que hoy existe sobre la crisis climática, qué la provoca y qué impactos se podían prever. El consenso en torno a la acción era un lugar común. En Estados Unidos, republicanos y demócratas entendían la urgencia por limitar el calentamiento del planeta como una tarea esencial y de pronto surgió un llamado a "evitar el pánico" que transformó la conversación y el consenso se fue al carajo. Como ya lo abordaré más adelante, estamos en una lucha por la narrativa, disputamos una conversación que moldea la realidad y lo que hacemos y lo que dejamos de hacer frente a ella.

Desinformación climática

En lo que respecta a la crisis climática nos han contado una historia muy mala, una según la cual la humanidad se metió solita y sin querer en un grave problema del que parece no haber salida posible. Esta historia determinista nos deja sin un objetivo contra el cual descargar nuestra frustración, nuestra rabia y nuestro ímpetu de acción. Nos contaron una historia sin villanos, por lo que resulta fácil distraer nuestra atención y crear figuras de paja por todos lados. Pero lo cierto es que esta historia tiene un claro villano. Es un error ignorar el enorme papel que juega el capitalismo en la crisis climática. Me refiero, por supuesto, al capitalismo de Occidente, pero también al capitalismo de China y la URSS, un capitalismo histórico que nos mantiene en un juego eterno de extracción, consumo y violencia hacia nuestros sistemas de vida. Dentro de la historia del capitalismo, los combustibles fósiles han sido esenciales: por tratarse de una forma de energía tan concentrada, permitieron el desarrollo de un capitalismo en esteroides, capaz de hacer y deshacer, mecánicamente, de maneras impresionantes. Pero la dinámica de crecimiento y explotación de este sistema voraz se ha reflejado en las emisiones que provoca su "avance".

La historia de cómo el capitalismo creó las condiciones y narrativas para su expansión es muy amplia, sin embargo, me centraré en lo que hicieron desde la industria fósil pues resulta muy ilustrativo de las estrategias que implementan para conservar lo que llamo las condiciones de crisis. En 2015, un grupo de periodistas de investigación reveló documentos internos de Exxon en los que los científicos contratados por la petrolera le alertaban en 1977[12] sobre las "potencialmente catastróficas" consecuencias del cambio climático antropogénico (causado por el ser humano), en especial por la quema de hidrocarburos, el principal producto de Exxon. La información que Exxon tenía no sólo reflejaba alerta sino exactitud respecto a posibles escenarios futuros, como la cantidad de emisiones que se preveían para las próximas décadas y algunas de las más claras consecuencias en caso de modificar el clima del planeta. En 2023, la investigación periodística se complementó con una revisión científica de la validez de la información con la que ya contaban Exxon y otras petroleras ¡en los años setenta! En palabras de los autores de la investigación: "Lo que ellos ya entendían de modelos climáticos contradice lo que llevaron al público a creer".

Es decir, lo que Exxon —y otras petroleras después— decidieron hacer fue esconder y contradecir la información que ellos mismos tenían sobre el riesgo que estábamos corriendo con el consumo de su propio producto. Otras entidades que

---

[12] Covering Climate Now, "'Exxon Knew'. Story Finally Goes Mainstream", 19 de enero de 2023. Disponible en: https://coveringclimatenow. org/from-us-story/exxon-knew-story-finally-goes-mainstream/

tenían información científica y clara sobre el calentamiento del planeta por actividad humana desde por lo menos mediados del siglo XX son el Instituto Americano del Petróleo, la industria del carbón (desde los sesenta), la petrolera Total, General Motors y Ford (desde los setenta), y Shell (desde los noventa).[13]

Esta práctica de esconder y mentir ha sido un elaborado trabajo de relaciones públicas y mercadotecnia. A este respecto, la brillante periodista Amy Westervelt ha dedicado buena parte de su trabajo de investigación a documentar la forma en la que se ha diseñado y diseminado lo que ella llama la *petroganda*.[14] Esta propaganda petrolera ha servido para colocar los cimientos de las ideas con las que nos referimos al petróleo, a otros hidrocarburos e incluso a nociones que van más allá de los combustibles fósiles, como el imperialismo y el crecimiento económico. Una de las ideas que más ha impulsado la petroganda es que los hidrocarburos son un tema de seguridad nacional, una idea tan vigente en Estados Unidos y Europa como en México. La propuesta se fortaleció en las dos guerras mundiales, cuando la importancia de los combustibles se expandió del esfuerzo de la guerra a estrategias de mercadotecnia y hasta llegar a un ideal de seguridad para la población de Estados Unidos. La misma idea se repitió sesenta años más tarde, en la reciente invasión de Rusia a Ucrania: un conflicto bélico relacionado, en principio, con la soberanía y el territorio muy pronto reveló tener un trasfondo de intereses energéticos, en concreto, por el gas fósil.[15] En México el concepto de seguridad nacional

---

[13] Geoffrey Supran *et al.*, "Assessing ExxonMobil's global warming projections", *Science*, vol. 379, núm. 6628, 13 de enero de 2023. Disponible en: https://www.science.org/doi/10.1126/science.abk0063

[14] Amy Westervelt, "Petroganda: The Original Narrative—Energy Security", *Drilled*, 2023. Disponible en: https://drilled.media/news/petroganda-01

[15] Encontrarán que a lo largo del libro uso el concepto de gas fósil o gas metano para referirme a lo que comúnmente se conoce como "gas natural",

asociado a los fósiles ha servido para imponer megaproyectos como gasoductos o termoeléctricas en distintos territorios y comunidades.

La estrategia de desinformación de la industria fósil fue pionera para producir el contexto de posverdad y de ciencia posnormal en el que hoy nos encontramos, donde abundan noticias falsas y se contraviene cualquier argumento científico mediante "verdades alternativas", al grado de que volvemos a tener personas escépticas sobre la redondez de la Tierra. *Drilled*, proyecto multimedia donde investiga y publica Westervelt, es una inmejorable plataforma para entender los recursos y estrategias de una industria que sigue manipulando la información que circula en medios de comunicación y que moldea políticas públicas.

Las tácticas de esta industria se pueden segmentar a grandes rasgos en cuatro etapas. En un primer momento, el plan fue negar la existencia del cambio climático. En el caso de las petroleras que ya tenían la información científica concluyente, lo que hicieron fue gastar miles de millones de dólares en campañas de comunicación para ridiculizar y acosar científicos, comprar políticos en Washington y alentar voces de comunicadores que trivializaran cualquier llamado a la urgencia. Cuando los impactos climáticos se volvieron irrefutables, entró en acción la segunda fase de propaganda; ésta consistió en sembrar dudas sobre el origen de la crisis. Así, difundieron ideas que seguro has escuchado: como que el calentamiento global se debe a una actividad solar sin precedentes o, una gran favorita, "la Tierra se ha calentado en otras ocasiones y lo está volviendo a hacer", una mentira que quiere esconder el vínculo entre el

_____

este concepto fue acuñado por la industria fósil para vender el gas como un combustible limpio y seguro de tener en nuestras casas, la realidad es que es altamente contaminante y resulta tan natural como el carbón o el propio petróleo.

capitalismo y el clima alterado. Es verdad, el planeta se ha calentado y enfriado múltiples veces a lo largo de su existencia, de hecho el momento geológico en el que nos encontrábamos era el final de una pequeña era de hielo, el Holoceno. Sin embargo, como ya lo mencioné anteriormente, nuestra velocidad de emisión de dióxido de carbono es más rápida[16] que la que ocurrió en extinciones masivas provocadas por supervolcanes. Es posible trazar la correlación entre la velocidad en la variación del clima y la concentración de CO_2 en la atmósfera, desmontando así esta segunda falacia.

El consenso climático volvió a imponerse después de costosas décadas de inacción y discusiones sinsentido, una práctica que se extendió desde los noticieros internacionales hasta los salones de clase. Como un ejemplo de esto último, y regresando a mi clase de geografía, puedo contar que, como parte del plan de estudio sobre el calentamiento global, debí participar en un debate a favor o en contra de la existencia del fenómeno. Convenida la innegable relación entre la actividad de los seres humanos y el calentamiento del planeta, llegó la tercera fase de distracción, promovida como "capitalismo verde", al igual que con otros nombres como "desarrollo sustentable" o "crecimiento verde". En esta fase, la industria fósil, apoyada por varios Estados y corporaciones internacionales —que no sólo compraron la mentira y vendieron su legitimidad con el objetivo de crear esquemas para "frenar" la crisis climática sin hacer cambios reales—, han alejado sistemáticamente la conversación de sus orígenes capitalistas y extractivistas. En 2023, Carlos Tornel y yo editamos el libro *Navegar el colapso*, con textos de más de treinta autores y autoras que abordan estas falsas

---

[16] Qiang Jiang, Fred Jourdan, Hugo.K. H. Olierook, *et al.*, "Volume and rate of volcanic CO_2 emissions governed the severity of past environmental crises", *Proceedings of the National Academy of Sciences*, vol. 119, núm. 31, 2022. Disponible en: https://doi.org/10.1073/pnas.2202039119

soluciones. Seguramente a más de una persona le sorprenderá que critiquemos directamente estas acciones, así que a continuación cito y explico algunos ejemplos:

Mercados de carbono. Una de las mentiras más populares relacionadas con la acción por el clima llegó bajo la idea de poder comprar y vender las emisiones que provocamos. Su influencia es tan grande que tiene su propio capítulo en el Acuerdo de París. En teoría, es de lo más fácil; en la práctica, es una locura. Básicamente parte de la idea de crear un mercado que antes no existía, poniendo precio a una nueva mercancía: el CO_2. Primero, se fija un precio a la tonelada de CO_2. Luego, si tú tienes una empresa que refina petróleo en Texas y emite 100 toneladas de CO_2 al año, buscas a alguien que tenga un bosque acreditado, digamos en Costa Rica, cuyos árboles absorban esa cantidad de CO_2, le pagas tu cuota a esa persona, y ella te da un certificado, mismo que tú le presumes al mundo como prueba de que tu gasolina es carbono neutral. Lo llaman "neutral" porque las 100 toneladas de CO_2 que generas las "absorben" en Costa Rica. Sin embargo, este planteamiento es estúpido, pues al planeta y a la atmósfera no le importa a quién le pagaste, al final la contribución a la crisis climática se generó, y la lógica de que la persona en Costa Rica habría talado los árboles de no haber recibido el dinero de tu benevolencia petrolera es otro tema. Si bien hay casos marginales de comunidades que se han beneficiado por la llegada de recursos, el resultado global ha sido el de un lavado de cara y la posibilidad de comprar el derecho a contaminar. Esto no sirve para frenar la crisis climática, sirve para limpiar la imagen de las petroleras y otras empresas contaminantes, e incluso para que contaminen más, a sabiendas de que podrán restar las emisiones que reportan gracias a este esquema.

Geoingeniería. La geoingeniería consiste en alterar ciclos o procesos naturales para enfriar el planeta. Suena como algo sacado de una película de ciencia ficción, justo en la parte donde los científicos de la corporación malvada experimentan con el planeta y lo mandan al carajo. En este terreno existe un amplio arsenal de ideas que, ante la desesperación que causan los impactos climáticos, cada vez tiene más tracción y cobra más interés entre gobiernos, por ejemplo:

- *La geoingeniería solar* consiste, entre otras cosas, en bloquear o rebotar los rayos del sol liberando aerosoles de hierro en la atmósfera. Esto permitiría enfriar el planeta mientras se continúe lanzando hierro a la atmósfera; en el momento en el que se deje de hacer viviríamos el impacto de las emisiones que teníamos más las que se hayan agregado, lo que ocasionaría un efecto de shock. Además el hierro lanzado caería en los océanos, acelerando aún más su ya peligrosa acidificación. La realidad es que no tenemos suficiente información para estimar qué otras consecuencias socioecológicas surgirían del uso de estas tecnologías, pero lo que sabemos es que su uso puede afectar de manera muy sería las interacciones y formas de vida en el planeta, por lo que prácticamente toda la comunidad científica a nivel mundial se ha expresado en contra o ha pedido estudios suficientes antes de implementar estas medidas.
- Otra es la bioenergía con captura y almacenamiento de carbono (BECCS, *Bioenergy with Carbon Capture and Storage*), proceso mediante el cual se busca absorber el CO_2, así sea el que ya se encuentra en la atmósfera o desde los puntos de origen (como plantas de generación de energía), para después almacenarlo en el subsuelo mediante un procesamiento industrial. Suena a lo que hacen los árboles, pero esta técnica, en teoría, lo haría mucho más

rápido. En teoría, porque la realidad es que, de las veinte plantas de captura y secuestro de carbono que hay en Estados Unidos, casi todas son utilizadas para extraer más combustibles fósiles mediante el CO_2 que capturan. Al inyectar el CO_2 a campos de producción con bajos rendimientos puedes extraer petróleo que de lo contrario era inaccesible o más caro de extraer. O sea que, lejos de remover CO_2 de la atmósfera, esta costosa tecnología está sirviendo para emitir más CO_2 al facilitar la extracción de más combustibles fósiles. Otro aspecto que no se suele considerar es el espacio que sería necesario para hacer plantas de BECCS lo suficientemente rápidas y a una escala lo suficientemente relevante como para incidir en el aumento del CO_2 en la atmósfera; requeriría de un territorio equivalente al tamaño de la India.

La lista de ideas relacionadas con la geoingeniería es larga y todas son absurdas y peligrosas: hidrógeno verde y azul, gas "natural", que en realidad es metano y que no implica ninguna transición, siembra masiva de algas, energía nuclear, y un largo etcétera.[17] El punto de esta fase ha sido distraer, jugar a los números mágicos, a las cuentas alegres con el CO_2 y que nadie haga nada. Y todo esto no ha traído sino una grosera pérdida de tiempo.[18] En las conferencias climáticas abundan discusiones reiteradas y recicladas en torno a este tipo de "soluciones", que llevan a los gobiernos nacionales a destinar importantes cantidades de recursos públicos, etiquetados para la

---

[17] Quien quiera indagar más en las falsas soluciones a la crisis climática puede consultar *Navegar el colapso. Una guía para enfrentar la crisis civilizatoria y las falsas soluciones al cambio climático* (2023), en el sitio www.solucionesfalsas.org.

[18] El mercado de bonos de carbono ha sido utilizado como pretexto para desplazar a comunidades indígenas de sus tierras, para habilitar la idea de "bosques o selvas vírgenes" para ofertarlos bajo esquemas de conservación.

acción climática, a este tipo de falsas soluciones.[19,20] En la lucha climática las distracciones, así sean bien intencionadas, son tan nocivas como las propias emisiones.

Esta fase de mentiras y propaganda desafortunadamente no ha terminado. Es fácil seguir encontrando publicidad engañosa de las petroleras; todas tienen apartados en sus páginas web en los que presumen sus acciones de sustentabilidad y sus rutas para llegar a las emisiones netas cero.[21] Es esencial identificar el engaño y denunciarlo. Un ejemplo: British Petroleum (BP) había presumido en 2020 una meta ambiciosa: reducir en un 40% su producción de gas y petróleo para 2030; para 2023 redujo esta promesa a un 25% y a finales de 2024 la bajaron nuevamente a un 13%. Finalmente, en febrero de 2025, BP anunció un nuevo recorte a su inversión en renovables y una nueva meta, ahora incrementar en un 20% la inversión en gas y petróleo.[22] Las petroleras no son ni serán parte de la solución; por el contrario, son el caso más importante de "amiga date cuenta" en el ámbito de la crisis climática que debemos popularizar.

---

[19] Durante más de diez años, el gobierno de México ha destinado del Presupuesto de Egresos de la Federación los recursos del Anexo 16 (apartados para mitigación y adaptación al cambio climático) a proyectos de transportación de gas y más recientemente a la construcción del mal llamado Tren Maya.

[20] En el libro *Navegar el colapso*, definimos las falsas soluciones como: "una combinación de tecnologías, políticas, programas, discursos, y estrategias utilizadas por los grupos, organizaciones y el conjunto de individuos en las cúpulas de poder del régimen dominante a través de las cuales pretenden solucionar el problema sin que nada en realidad tenga que cambiar".

[21] Cuando se habla de emisiones netas cero en lugar de absolutas quiere decir que la empresa sigue emitiendo pero "compensó" de alguna forma esas emisiones, de tal manera que puede presumir neutralidad de carbono y seguir contaminando.

[22] "BP drops climate targets in pivot back to oil and gas", *Al Jazeera*, 26 de febrero de 2025. Disponible en: https://www.aljazeera.com/news/2025/2/26/bp-drops-climate-targets-in-switch-back-to-oil-and-gas

Finalmente, la cuarta etapa de la estrategia de desinformación —recién estrenada— consiste en querer hacernos creer que "no hay nada que podamos hacer para enfrentar esta crisis". En 2024, el CEO de la petrolera Aramco afirmó: "Debemos abandonar la fantasía de retirar progresivamente el petróleo y el gas y mejor invertir en ellos adecuadamente reflejando de forma realista la demanda".[23] Su declaración —que pretende presentarse como un sensato llamado a la rendición— es un atentado contra cualquier proyecto de transformación profunda en medio de la crisis. Cabe señalar que Aramco es la empresa que más contribuye en todo el mundo a la crisis climática. Me gusta repetir las palabras de mi amiga Yásnaya A. Gil siempre que puedo; ella dice que "la crisis climática es primero una crisis de imaginación", pues nos hacen creer que su modelo y forma de proyectar nuestras vidas es la única posibilidad y, por lo tanto, debemos asumir el precio que ésta tiene. La magia de reconocer esta crisis de imaginación es que cuando rechazamos este falso determinismo se nos abre un panorama nuevo de alternativas frente al colapso que nos piden asimilar. En un panel de la FIL Climática de 2024[24] sobre imaginación y literatura especulativa para navegar la crisis climática, Yásnaya de nuevo le dio al clavo: "En este mundo donde hay una angustia generalizada a causa del sistema capitalista, necesitamos multiplicar las mánticas [prácticas para adivinar el porvenir] para estar vivas y fuertes, para resistir. Porque lo que está muerto no se resiste".

---

[23] Irónicamente, el CEO de Aramco también era en ese momento el presidente de la COP 28, la cual tuvo por sede Dubái. Puede verse la nota en: https://www.cbc.ca/news/canada/calgary/bakx-ceraweek-saudi-aramco-exxon-1.7147290

[24] La FIL Climática es una feria de libro que ocurre cada año en la ciudad de Guadalajara y convoca a autores y activistas a discutir la crisis climática desde la literatura. En 2025 será su tercera edición.

Este llamado sirve para ilustrar cómo las estrategias y falsas salidas que nos desvían de organizarnos para una verdadera acción por el clima han sido diseñadas cuidadosamente por equipos mercadológicos que usan nuestras emociones frente a la crisis. Desacreditan el sentido de urgencia alimentando nuestra necesidad de tener buenas noticias que nos reconforten, palabras que nos digan que el peligro por el que nos llegamos a angustiar es en realidad falso. También usan nuestra sensación de ser demasiado pequeños para incidir en la realidad, nos proponen acciones individuales con las cuales podemos curar nuestra culpa y juzgar a otros de nuestro mismo tamaño, evitando que volteemos a ver arriba, donde están aquellos que de verdad imponen las condiciones. Nos reducen a individuos y consumidores, condición desde la que sólo podemos hacer diferencia con nuestras elecciones de consumo. Finalmente, se alimentan de nuestro desánimo, de la tristeza que sentimos ante la falta de acciones y resultados por parte de nuestros líderes y gobiernos. Como el meme en el que el capitalismo es un gato gigante que te exige las lágrimas, este modelo usará cada oportunidad o vulnerabilidad que vea en nosotros para hundirnos en la inacción. Pero estamos vivos, y nuestra mejor apuesta es imaginar otros futuros posibles para vencer las narrativas de derrota que nos imponen y nos condenan.

La resistencia de los beneficiados de la crisis

Nadie escapa al clima, al final de cuentas, todas y todos estamos en la misma atmósfera (muy a pesar de algunos multimillonarios que han decidido jugar en la última década a los astronautas), pero cuando hablamos de la crisis climática y la forma en la que la experimentamos no estamos en el mismo barco que Elon Musk o Jeff Bezos. La narrativa que nos invita a creer que la humanidad va junta en esta crisis es manipuladora. Resulta más preciso hablar de la misma tormenta, con la gran diferencia de que los más adinerados se encuentran en yates gigantescos o incluso en islas privadas con opciones diversas de escape en caso de emergencia. El resto de la humanidad se divide entre distintas condiciones de riesgo. Algunos van en pequeños barcos que resisten el temporal; otros, en veleros; y otros (sobre todo los del llamado Sur Global) ya están en el agua, aferrados a improvisadas tablas de salvamento, y entre ellos hay quienes ya sólo sobreviven a nado y naturalmente quienes se han ahogado sin posibilidad de nadar por las piedras que les metieron en los bolsillos.

No es fácil describir con una analogía todas las formas en las que crisis climática y desigualdad se retroalimentan. Pero el hecho de que entre los multimillonarios se haya vuelto una tendencia invertir en sofisticados búnkers de lujo es bastante ilustrativo. A finales de 2023, la revista *Wired* publicó los detalles del búnker de Mark Zuckerberg,[25] el dueño de Meta (Facebook): un complejo en Hawái de más de 560 hectáreas. Zuckerberg es sólo uno de muchos multimillonarios que se preparan para resguardarse del colapso que ellos mismos están creando con sus negocios y alimentando una desigualdad cada vez más obscena.

Las diferencias son enormes, incluso entre personas de una misma ciudad, en una misma colonia e incluso dentro de la misma casa. Todos los factores que nos abren y nos cierran puertas en nuestro día a día juegan un papel mayúsculo al enfrentar los impactos de la crisis climática. Por ejemplo, el racismo ambiental estudia cómo la etnicidad influye en qué zonas tienen riesgo de inundación en Estados Unidos. A este respecto, un estudio de 2024 mostró que las poblaciones de nativos americanos e hispanos son las que tienen mayores

---

[25] Guthrie Scrimgeour, "Inside Mark Zuckerberg's Top-Secret Hawaii Compound", *Wired*, 14 de diciembre de 2023. Disponible en: https://www.wired.com/story/mark-zuckerberg-inside-hawaii-compound/

riesgos de inundación en zonas de tierra adentro y costeras respectivamente.[26] Otro factor de desigualdad es el género, pues mujeres y niñas sufren de forma diferente los impactos de la crisis climática o incluso mueren más en los desastres de clima extremo. Esto se relaciona con el hecho de que el reparto de las labores de cuidado recae desproporcionadamente en las mujeres, a esto se suma la violencia de género y el riesgo de sufrir acoso o abuso sexual. Por esto último, mujeres y niñas pueden ser más renuentes a evacuar zonas de peligro y llegar a albergues. Los datos de Naciones Unidas muestran que en caso de un desastre de clima extremo las mujeres y las niñas y niños son catorce veces más propensas a morir que los hombres.[27] El 80% de las personas desplazadas por el cambio climático son mujeres y niñas. Así pues, incluso dentro de un mismo hogar, la crisis climática se vive de manera distinta. Además están las diferencias económicas, la nacionalidad, la edad, cualquier discapacidad, el color de la piel, las redes de contactos y un muy largo etcétera.

De esta forma, el modelo económico capitalista, que propicia y premia la acumulación de la riqueza, es dos veces verdugo. Por un lado, provoca una crisis al requerir una creciente extracción y quema de combustibles fósiles e impulsar un consumo desmedido entre los más ricos, con sus respectivos impactos en esos procesos para las poblaciones más pobres. Por el otro, ese mismo capital acumulado significa que los impactos de la crisis climática se viven de manera desigual, pues los que ya eran pobres pagan en mayor medida la cuenta climática.

---

[26] George C. Galster, Joshua Galster y Karl Vachuska, "The color of water: Racial and income differences in exposure to floods across US neighborhoods", *Real Estate Economics*, vol. 52, núm. 1, mayo de 2024. Disponible en: https://doi.org/10.1111/1540-6229.12480

[27] Naciones Unidas, "Por qué las mujeres son esenciales en la acción por el clima". Disponible en: https://www.un.org/es/climatechange/science/climate-issues/women

Los datos de desigualdad nos muestran que el lujo que no nos podemos permitir como especie es, precisamente, el de la extrema riqueza. El 1% más rico de la población contamina lo mismo que el 66% más pobre. El informe más reciente de desigualdad de la organización Oxfam muestra que las emisiones de ese 1% son responsables de 1.3 millones de muertes cada año por calor extremo.[28] Sus lujos desmedidos, sus aviones, sus megamansiones, sus giros laborales, sus yates, todo esto repercute en la realidad a la que tenemos que sobrevivir el resto de la población. A pesar de la obscena magnitud del consumo personal de los superricos, ésta se ve eclipsada por las emisiones derivadas de sus inversiones. En otro estudio, Oxfam estima que las inversiones corresponden a entre el 50% y el 70% de lo que contaminan.[29]

De este panorama surge un claro llamado a ir más allá de las emisiones y pensar en clave de justicia climática. Si permitimos que la conversación se estanque en la limitada idea de reducir las emisiones y el uso de los combustibles fósiles estaremos firmando un pacto de transición y soluciones paliativas, que funcionarán para los más ricos (y sólo por un rato). El litio —cuya extracción terminará por crear nuevas zonas de sacrificio, sobre todo en países latinoamericanos— se utilizará para que autos de lujo sigan circulando en ciudades de Estados Unidos, construidas de forma irracional. Los minerales críticos no servirán para encender los aires acondicionados de la población asfixiada de calor en Coahuila, sino que alimentarán

[28] Anjela Taneja, Anthony Kamande, *et al.*, "El saqueo continúa: pobreza y desigualdad extrema, la herencia del colonialismo", Oxfam International, 20 de enero de 2025. Disponible en: https://www.oxfam.org/es/informes/el-saqueo-continua-pobreza-y-desigualdad-extrema-la-herencia-del-colonialismo

[29] Ashfaq Khalfan, Astrid Nilson Lewis, *et al.*, *Climate Equality: A planet for the 99%*, Oxfam International, 2023. Disponible en: https://policy-practice.oxfam.org/resources/climate-equality-a-planet-for-the-99-621551/

la energía de los centros de procesamiento de datos para la inteligencia artificial, utilizada en programas y servicios de Estados Unidos y Europa.

No es posible sostener este nivel de desigualdad, todo multimillonario es un lujo innecesario, nadie tiene por qué tener esa cantidad de dinero. El pago de deudas climáticas y reparaciones por el modelo colonial y extractivo, así como un sistema encausado a la redistribución de la riqueza son tan necesarios como la regulación del litio y la eliminación de los combustibles fósiles. La crisis climática es la herencia del capitalismo, el patriarcado y el colonialismo. Carga con todo el racismo de la esclavitud, las formas de extracción y degradación, así como con la dualidad y separación entre lo humano y lo natural, y la construcción de jerarquías, y se exacerba a partir de las estructuras patriarcales. Si no señalamos sus raíces, estaremos reproduciendo el mismo modelo de explotación y violencia, pero con nuevas formas y pintado de verde.

Trampas climáticas

Tras varios años de platicar sobre la crisis climática, impartir talleres y escuchar las inquietudes de muchas personas sobre qué tenemos que hacer y qué nos impide hacerlo, identifico cuatro trampas climáticas que inhiben la acción, distraen o desactivan la organización. Estas trampas son narrativas que se han abierto espacio en medio de la conversación urgente; por lo general nacen de ideas o de posturas bienintencionadas, pero constituyen una distracción frente a la tarea que tenemos delante.

Cambios individuales. Muchos factores de nuestra forma de vida nos conducen a pensar como individuos, empezando por el capitalismo mismo, que define el bienestar y la superación del individuo como la última meta. A partir de ahí se nos ha condicionado para actuar y entender la vida. La realidad es que lo que nos atraviesa es colectivo y sistémico, es decir, la crisis climática no es producto de la coincidencia de muchas acciones individuales, sino un sistema de vida que lleva a las personas a actuar de cierta manera y a aspirar a satisfacer deseos y metas siempre desde el yo.

Cuando esta concepción individual se encuentra frente a la realidad de la crisis climática, la respuesta natural es voltear a ver qué estamos haciendo o dejando de hacer individualmente. Cuando doy charlas sobre la crisis climática, la primera pregunta que surge es "¿Qué puedo hacer *yo* concretamente?". Llevamos casi ochenta años de desarrollo de individuos desligados de memoria y sentido de colectividad, tres o cuatro generaciones que no sabemos qué es una vida cooperativa, al menos en las ciudades. Hay casi una desesperación por encontrar una respuesta a la crisis climática en lo inmediato y cotidiano. De aquí surgen las populares acciones individuales, éstas pueden incluir modificar nuestra dieta para consumir menos carne, usar menos el auto y otros transportes que dependen de la quema de combustibles fósiles, viajar menos en avión, optar por caminar o usar bicicleta, obviamente reciclar, reducir el uso de plásticos, salvar a todas las tortugas posibles rechazando popotes y un montón de acciones más que pueden ir de lo sencillo a lo radical y en ocasiones impráctico. Mi respuesta a esta postura es que está muy bien tomar estas acciones, nos dan un piso de congruencia e incluso pueden servir para calmar nuestra ansiedad climática o para recordarnos que estamos en esta lucha por la vida. Sin embargo, muchas de ellas se ejercen desde el privilegio, es decir, para mí, siendo un hombre joven que tuvo la oportunidad de andar en bicicleta durante buena parte de su adolescencia y durante la universidad, optar por la bicicleta como medio de transporte me es fácil, más aun viviendo en una zona relativamente céntrica de mi ciudad. Pero no porque yo lo haga puedo exigirle a mi madre, a sus más de sesenta años, que tome la misma acción cuando vive a las afueras de una ciudad caótica sin infraestructura ciclista. Atormentarla con datos climáticos sobre lo que contamina un auto sería absurdo, injusto e ineficiente.

La realidad es que las acciones individuales sirven para recordarnos que estamos en una lucha, en una misión más grande que el popote y la composta. Pueden servir como una declaratoria personal de lo que crees, un testimonio de inconformidad sobre cómo funciona la sociedad en la que vivimos y también pueden tener beneficios que el modelo económico busca ocultar. Una dieta baja en carne roja tiene importantes beneficios para la salud; pedalear o caminar al trabajo o a la universidad libera endorfinas y reduce el estrés en comparación a conducir un automóvil. En fin, podríamos hacer un libro elogiando las bondades de distintas acciones individuales, pero el punto es que no sirven para frenar la crisis climática.

El primer problema es que nos dividen: en la medida en que les damos peso en el discurso ambiental y climático, las acciones individuales nos separan de acuerdo con nuestros privilegios. Regresemos al ejemplo de la bicicleta y pensemos en una persona que vive en la periferia de la ciudad, donde no llega el transporte público. Por el diseño de su ciudad, se ve obligada a usar el auto particular. Si desde un colectivo universitario promovemos la idea de moverse en bicicleta como una acción innegociable de congruencia en la lucha climática, esta persona de la periferia se sentirá atacada y no tendrá mucho interés en escuchar lo que tengamos que decir. Ojo, esto no significa que debamos renunciar a promover esta forma de movilidad, sino que no debemos enmarcarla como una solución absoluta.

El segundo problema, y el más importante, de la lógica de las acciones individuales como respuesta climática es el reflejo de la responsabilidad individual como origen de la crisis. Es decir, la promoción de estas acciones infiere que los individuos tenemos la culpa del colapso del clima. Si has sentido culpa no es un accidente, es parte de una eficaz campaña de marketing lanzada a principios del nuevo milenio por una de las más grandes petroleras del mundo, British Petroleum. Esta compañía multinacional acuñó en 2004 el término "huella de carbono" (*carbon footprint*). Lo hizo con el lanzamiento de la calculadora de carbono, una plataforma en la que cada persona puede ingresar información sobre sus decisiones de consumo, traslado y tipo de vivienda, para conocer el "saldo" de su responsabilidad climática. El término se ha extendido como fuego, ahora resulta de lo más común hablar de huellas de carbono y fijar metas en todos los ámbitos. ¿Qué gana una petrolera en promover que midamos la emisiones de manera individual? ¿Qué objetivo hay detrás de estarnos contando las hamburguesas los unos a los otros? Si estamos ocupados dividiéndonos en campañas y esfuerzos individuales para cambiar los hábitos personales no tenemos tiempo y energía para criticar y llamar a cuentas a la petrolera que provocó el mayor derrame de petróleo por perforación marina en todo el mundo[30] —por cierto, el segundo derrame más grande de este tipo fue responsabilidad de Pemex en 1979, el derrame Ixtoc I.

No hay un número suficiente de acciones individuales que nos garanticen la sustentabilidad que necesitamos a nivel sociedad. Las campañas enfocadas en estas acciones, que por décadas se llevaron a cabo desde organizaciones ambientalistas, sirvieron para mantener la lógica corporativa del discurso climático. Mientras que nuestras economías y sociedades se muevan con combustibles fósiles y respondan a la inercia de la acumulación, tendremos un impacto considerable en nuestras

---

[30] En 2010, la plataforma Deepwater Horizon de British Petroleum explotó en el Golfo de México. En el desastre murieron 11 personas, y se calcula que se derramaron más de 3 millones de barriles de crudo, el derrame duró 87 días.

emisiones. En 2007, un grupo del MIT hizo una investigación para calcular las emisiones de una persona en situación de calle en Estados Unidos.[31] Se calculó que esta persona se alimentaba exclusivamente en cocinas comunitarias y que no tenía ninguna posibilidad de consumo, es decir, contaminaba lo menos que puede contaminar un estadounidense. El resultado fueron 8.5 toneladas de CO_2 al año: el promedio de emisiones globales para una persona es de 4 toneladas de CO_2 al año. No hay escapatoria individual posible, el cambio debe ser forzosamente a nivel de la sociedad, ya que nuestras emisiones son más que un reflejo de nuestras decisiones personales, son una representación del lugar que ocupamos en la sociedad y, sobre todo, de la sociedad que habitamos.

Esto no es un llamado al cinismo y una invitación a que pidamos doble popote y usemos el auto para las distancias más insignificantes. De ninguna manera. Esas acciones son, como dijimos antes, actos de congruencia y reflejan una primera visión de cómo se ve el mundo al que aspiramos. Rebecca Solnit lo resume con las palabras de Paul Goodman: "Supón que tuvieras la revolución de la que hablas y sueñas. Supón que tu lado ganó y tienes el tipo de sociedad que deseas. ¿Cómo vivirías, tú personalmente, en esa sociedad? ¡Comienza a vivir de esa manera ahora!".[32]

Sin embargo, esa visión de nuestro futuro ideal estará incompleta si nos quedamos en el ámbito de la responsabilidad individual, y nuestra vida y nuestra casa no es el final de nuestro campo de acción. En este sentido, la escritora estadounidense Mary Annaïse Heglar señala que "tu poder en esta lucha no reside en lo que puedes hacer como un individuo, sino de tu habilidad de formar parte de un colectivo".

---

[31] David Chandler, "Leaving our Mark", *MIT News*, 16 de abril de 2008. Disponible en: https://news.mit.edu/2008/footprint-tt0416

[32] Rebecca Solnit, *Hope in the Dark*, Chicago, Haymarket Books, 2016. [La traducción de la cita es mía.]

Si la narrativa dominante del modelo capitalista es que tú puedes sobresalir y triunfar por encima de los demás, y las historias de éxito que nos cuentan son, por lo tanto, de superación personal desde el esfuerzo individual, no sorprende que esta idea de velar por nuestro camino individual haya sido aprovechada por British Petroleum y la industria en general. En algunos países y sociedades, la hiperindividualización vuelve difícil pensar desde otras lógicas; por ejemplo, la sociedad estadounidense ha perdido muchos de los espacios comunitarios y colectivos que sobreviven en Latinoamérica y en algunas otras regiones. Por el contrario, en muchas comunidades indígenas la colectividad es prácticamente un reflejo, una inercia de organización que se ejerce para casi todos los hitos en las vidas de las personas: el nacimiento, el bautizo, el casamiento, la cosecha, las fiestas tradicionales, la muerte, para todo ello se recurre a la colectividad. Es por estas formas de respuestas climáticas por las que la industria fósil se puede sentir intimidada y verdaderamente confrontada.

Granito de arena. Es irracional, pero me provoca agruras cuando alguien propone "poner su granito de arena". Me parece la avaricia del involucramiento. Al igual que con las acciones individuales, el granito de arena nos invita a un cambio cosmético, simbólico y, para fines prácticos, insignificante. Es parte de una tendencia natural a querer sentirnos bien en medio de una crisis sin precedentes para la humanidad: dado que en mi trabajo estamos llevando cada quien su taza de café, ya no tenemos que preocuparnos tanto por el desecamiento de los ríos y el colapso de las corrientes marinas; gracias a la política de no imprimir los mails, nuestra empresa hace la diferencia frente al blanqueamiento de los corales. Con base en los granitos de arena, distintas industrias han construido imperios de *greenwashing* (ecoblanqueo o lavado de imagen verde), así se proyectan como empresas involucradas con el medio ambiente y la crisis del clima, sin importar su giro y el verdadero impacto que tienen. Puede tratarse de una minera que desplaza comunidades, envenena ríos y remueve montañas enteras de selva virgen para extraer oro, pero como en el corporativo en Canadá hacen menú de "lunes sin carne" pueden jactarse de ser parte de la solución.

Las empresas que están acelerando la crisis climática no están dedicando sus ratos libres a la extracción de combustibles fósiles, no compran políticos con el cambio que les sobra del día. No, estas empresas están dedicando enormes esfuerzos y recursos en avanzar sus agendas; el tiempo y el dinero de sus empleados es invertido en seguir creciendo sus márgenes de ganancias y en sofocar cualquier amenaza posible que busque descarrilar sus objetivos. Es ilusorio creer que con un compromiso del tamaño de un grano de arena lograremos frenar lo que los ganadores de la crisis climática están consiguiendo. La crisis climática nos obliga a incomodarnos, a movilizarnos y a hacer todo lo posible. En una bellísima novela de Imbolo Mbue, sobre una comunidad que resiste a la industria del petróleo, su protagonista lo explica perfectamente: "No debemos sólo hacer aquello con lo que estamos tranquilos, debemos hacer todo lo que debemos hacer".[33]

Existen pocos ejemplos recientes de respuestas articuladas de la humanidad ante amenazas profundas o de corte existencial. Existen dos que sirven para ilustrar la inutilidad detrás del argumento del grano de arena. La primera es el esfuerzo que implicó derrotar a la Alemania nazi a mediados del siglo XX. La respuesta de los aliados no consistió en promover acciones simbólicas de distintos actores, no se dejó al arbitrio de cada quien definir qué tanto le importaba la potencial victoria o el dominio de los fascistas alemanes. La respuesta fue la modificación de muchos aspectos de la vida cotidiana,

---

[33] La novela se llama *How Beautiful We Were*, de Imbolo Mbue.

desde el racionamiento de combustible, hasta la incorporación de las mujeres a la fuerza laboral para crecer la capacidad de producción de armas frente al poderío militar nazi. La gente entendía que no podía ser con medias acciones que se ganaría la guerra, había que llevar la resistencia al fascismo a todas las esferas de la vida.

La segunda lección proviene de un caso más reciente. La respuesta a la pandemia del covid-19 fue todo menos mesurada. Hoy recordamos con incomodidad y como un mal sueño el año y medio o dos años de realidad alterada con cubrebocas obligatorio, distanciamiento social y, por alguna extraña razón, tapetes sanitizantes.[34] Las decisiones que se tomaron a nivel nacional e internacional fueron radicales y tajantes; por ejemplo, nadie hubiera creído posible frenar la aviación de todo el mundo por seis meses, como ocurrió a mediados de 2020. Ese simple hecho suena descabellado hoy en día y, sin embargo, ocurrió. La idea de llevar las escuelas y las universidades a la virtualidad fue igualmente contundente y arriesgada, pero se hizo. La respuesta se ejecutó desde muchas instancias y no sólo las gubernamentales; de hecho, en los países del Sur Global se fortalecieron las redes de cuidado para compensar el vacío de los propios gobiernos.

Hay muchas acciones que se pueden y deben criticar dentro del marco de la pandemia; la urgencia se utilizó como argumento para recortar muchas libertades y derechos, y, naturalmente, los ricos encontraron la manera de volverse más ricos. Sin embargo, lo que me interesa subrayar es que, en medio de una crisis para la que nos han repetido hasta el cansancio que no hay posibilidad de respuesta articulada, la pandemia nos demostró

---

[34] Para quien está leyendo esto fuera de México. Por alguna razón, una de las medidas contra el covid-19 en México consistía en poner un tapete rebosante en alcohol a la entrada de los comercios, esto mojaba los zapatos de todo mundo provocando un lodazal y resbalones. Suponemos que la medida sirvió para proteger a la reducida población que disfruta de lamer pisos.

que sí existe la capacidad de generar acuerdos internacionales de grandes implicaciones, como la modificación de estilos de vida, la alteración de flujos económicos y la supresión de ciertas industrias para salvar vidas humanas. Destacaría, además, que fueron muchas las formas en las que la sociedad se organizó y cuidó sin la intermediación del Estado, probando una vez más esas posibilidades de articulación desde lo comunitario. Esto me lleva a ver un hilo de esperanza en la dura lección que fue la pandemia del covid-19. Cuando existe voluntad colectiva, hay posibilidades de tratar una crisis como crisis.

En el contexto de la pandemia, los granitos de arena pueden verse como aquellas medidas que por sí solas evidentemente no iban a detener la pandemia: mamparas de plástico en las tiendas, dispensadores de gel antibacterial en cada establecimiento o determinar aforos para Áreas Naturales Protegidas. Algunas eran buenas intenciones, otras, meras tonterías, pero ninguna de ellas formaba parte de las acciones coordinadas y contundentes que impedían certeramente el contagio del virus.

Para romper la costumbre de pensar en clave de "granitos de arena" es necesario salirse del espacio mental de comodidad y de fácil acción, pensar en lo que resultaría verdaderamente trascendental en el contexto de nuestra comunidad, escuela o espacio de trabajo. ¿Qué cambios empezarían a significar realmente una activación para imaginar otros futuros posibles?

Catastrofismo, y ya. Un oso reducido a los huesos camina desfalleciendo en medio del hielo polar, claramente hambriento y sin fuerzas. Después de unos cuantos pasos el oso colapsa y aparece a cuadro una frase que te invita a donar para detener el cambio climático y el logo de una organización. Un clásico de la sociedad civil ambientalista. Desesperadas por llamar la atención y mover a la acción, las organizaciones se han lanzado en una misión que consiste en encontrar al oso polar más miserable que ha habitado la Tierra, fotografiarlo y difundir esa imagen por todos lados, postearla en redes para que nos sintamos culpables o deprimidos, para que ahí, milagrosamente, saltemos a la acción. *Spoiler alert*: no funciona.

En materia medioambiental, el catastrofismo es la creencia de que lo que falta para que la gente se movilice es hacerla tomar conciencia del nivel de desastre, horror y crueldad que existe en el mundo que habita, y que eso será suficiente para que se movilice. Su punto de partida es un impulso natural: en el momento que conocemos los detalles de una situación que nos importa profundamente, los queremos compartir de la manera más fiel posible, queremos que los demás sepan lo mismo que nosotros. Es un impulso que busca generar empatía. Si nos ponemos a describir cómo se relaciona un huracán devastador con la crisis climática, en un primer momento lograremos captar la atención de quienes nos escuchan. Si continuamos describiendo cómo además se elevará el nivel del mar, mientras se acidifican los océanos, colapsan los arrecifes de coral y se desploman las poblaciones de peces, llegará un punto en el que dejarán de escucharnos y empezarán a contar los segundos para que les soltemos el brazo e irse lo más lejos posible.

Esto no implica que tengamos que dejar de hablar de los horrores de la crisis climática y nos pasemos al otro extremo del discurso ambientalista, el que pinta una situación falsamente tranquilizadora para alimentar la cómoda idea de que la cosa no va tan mal. De ninguna manera. Lo que quiero decir es que las malas noticias sin una ruta de salida o de acción simplemente pesan y no generan movilización. Una persona a la que se le deprime con información no se activa por arte de magia; se tiene que trazar una ruta y ésta puede ser el señalamiento de responsables del desastre, alternativas o formas de organización y acción en la cotidianidad. No es un llamado a volvernos comunicadores comeflores, sino a hacernos responsables de las emociones que provocamos, sobre todo de la emoción final con la que dejamos a nuestros escuchas. Se le atribuye a la poeta y activista Maya Angelou la frase de que "la gente olvidará lo que dijiste, olvidará lo que hiciste, pero nunca olvidará cómo la hiciste sentir". En ese sentir está la posibilidad de pasar a la acción o de crear un mecanismo de defensa para bloquear nueva información referente al clima.

He vivido este tipo de reacciones defensivas con campañas que, debido a que su contenido se limita a comunicar el desastre, fracasan sin lograr ningún tipo interacción en redes sociales, o, a lo más, logran algunas respuestas de personas que quedan frustradas y a las que sólo se les reafirma una idea de derrota. El rechazo del público a este tipo de información no es desinterés o apatía, aunque también hay algo de eso; por lo general es un mecanismo de defensa. La comunicadora climática Katharine Hayhoe lo explica como una conducta natural cuando se cruza el umbral de tolerancia que tenemos a las malas noticias. Los seres humanos somos animales empáticos, nos distingue nuestra capacidad de vernos en otros y movernos a partir de ese reconocimiento, a partir de situaciones que no son propiamente las nuestras. Por lo tanto, cuando estamos viendo imágenes en redes sociales de guerras o desastres de clima extremo, llega un punto en el que nos bloqueamos y preferimos saltarnos dichas imágenes. Esto no quiere decir que de pronto hayamos perdido el interés por que se detenga el sufrimiento de los demás, sino que ya no podemos asimilar más horror. Las imágenes globales del desastre o la tragedia son generalizaciones, pueden darnos una temperatura, pero ésta siempre será parcial. Wendell Berry lo ilustra de gran forma: "Si quieres ver dónde estás, tendrás que salir de tu vehículo espacial, de tu coche, de tu caballo, y caminar sobre la tierra. A pie descubrirás que la tierra sigue siendo satisfactoriamente grande, y llena de rincones y recovecos fascinantes".[35]

---

[35] Wendell Berry, "Out of Your Car, Off Your Horse", *The Atlantic*, febrero de 1991. Disponible en: https://www.theatlantic.com/magazine/archive/1991/02/out-your-car-your-horse/309159/

Es una condición del momento histórico que vivimos, estamos hiperexpuestos al desastre y a la tragedia de otros. Es el resultado de internet y las redes sociales, que nos han provisto de una ventana en tiempo real a todo lo que está ocurriendo en nuestro mundo. Si bien es necesario entender la gravedad de lo que está ocurriendo, debemos ir más allá del desastre y hablar de cómo vamos a enfrentarlo. El mejor amigo del negacionista que cree que no existe la crisis climática y que no hay necesidad de activarse es el fatalista que cree que todo está perdido y no hay nada que hacer al respecto. Están sentados en la misma banca, sin hacer nada.

Somos el virus. Debido al encierro que vivimos como respuesta a la pandemia del covid-19 surgieron imágenes de las ciudades desiertas siendo reclamadas por animales de todo tipo. Por Madrid se veían manadas de jabalíes, en la bahía de Acapulco una ballena daba saltos ante la ausencia de lanchas y de barcos, y un video mostraba a un par de delfines en los canales de Venecia. Podríamos repasar cientos de imágenes y videos, unos verdaderos y otros falsos, que anunciaban que la naturaleza estaba recuperando su espacio ante nuestra ausencia. Esas imágenes —que se antojaban una versión urbana de la vida de Blanca Nieves en completa armonía con la naturaleza— fueron acompañadas por la frase "somos el virus". La conexión era inmediata: no hay humanos, vuelven los animales. Las visiones mágicas invitaban a pensar que el problema somos nosotros, que los seres humanos somos el malestar que aqueja al mundo.

Esta narrativa se suele emparejar con la idea de que hemos superpoblado el planeta y que el problema ambiental y climático es, simplemente, que "somos muchos". La idea de una sobrepoblación no es nueva, su principal exponente fue Thomas Malthus, economista británico del siglo XVIII, de ahí que se le denomine como discurso malthusiano o neomalthusiano. Hace más de 250 años, Malthus decía que el crecimiento poblacional iba a agravar la disponibilidad de alimentos y que finalmente nuestras sociedades colapsarían bajo el peso de sus números. Hoy este discurso se repite convenientemente, escondiendo a los verdaderos culpables de la crisis y entregando un nuevo grupo de responsables. De esta idea surgen infografías, artículos y campañas contra la idea de seguir trayendo niñas y niños al mundo. De todas las mentiras climáticas considero que ésta es la más nociva, pues sustenta la idea de que resulta imposible que el ser humano coexista con el planeta, nos divorcia irremediablemente de nuestro ser naturaleza, cuando en realidad es el propio capitalismo queriendo convencernos de que sus condiciones de explotación y destrucción del planeta son inherentemente humanas y, por lo tanto, imposibles de contrariar. Es un llamado a la derrota: vivamos una última generación pues somos plaga y nos acabamos nosotros o el mundo.

Además, cuando repetimos la idea de la sobrepoblación le damos fuerza a un discurso antipobre, y para ser más exactos, anti-mujeres pobres. Si revisamos los datos demográficos, por lo general de cualquier país, el sector poblacional que más hijos tiene es el más pobre. En México esta condición se cumple. Dado que la natalidad se mide en hijos por mujer, la presión recae en las madres que traen a los bebés a este mundo. Así, con su respectiva dosis de machismo institucional, surgen programas de esterilización de mujeres "por su bien" y en contra de su voluntad.

La idea de la sobrepoblación se sustenta en la capacidad de carga que tiene un ecosistema. Si tenemos una población de venados que se reproduce sin depredadores, llega un punto en el que la población colapsará ante la falta de recursos, esto es cierto. Sin embargo, no hay renos que acaparen más pasto que otros o que decidan esconder más agua de la que podrían beber en toda su vida. En nuestro sistema capitalista hay personas que, a diferencia de los renos, consumen e impactan mucho más que otros. Los hijos de las mujeres de los estratos más pobres no contaminan ni una insignificante fracción de lo que contaminan los hijos de los multimillonarios de cualquier país. Recordemos los argumentos que expusimos arriba, el 10% más rico del mundo produce más de la mitad de las emisiones de CO_2 del planeta, mientras que la mitad de la población más pobre del mundo sólo emite el 10% del CO_2. Un estudio indica que un año de emisiones de un multimillonario con jet privado equivale a más de 500 veces lo que emite una persona promedio. Nada de esto tiene sentido, por lo que resulta aún más absurdo esconderlo detrás del escrutinio a la población más pobre del planeta.

Además del argumento de la desigualdad, la humanidad tiene ejemplos donde su presencia ha significado el enriquecimiento ecológico en la región en la que se encuentra. Esto quiere decir que cuando se cuida la relación con el entorno natural, no sólo no somos el virus, sino que también podemos ser una buena noticia para las especies con las que compartimos territorio. Un claro ejemplo de esto es el lago de Xochimilco en la Ciudad de México. En el México precolombino, los xochimilcas diseñaron una forma intensiva de cultivo en unas islas flotantes llamadas chinampas.[36] Luis Zambrano y Rubén Rojas, biólogos especializados en Xochimilco, explican el efecto que tuvo este modelo de cultivo:

Podría suponerse que, como en la gran mayoría de las intervenciones humanas sobre la naturaleza, se pudo haber provocado un desajuste ecológico, sobre todo si se considera que el desarrollo de la chinampería se prolongó durante siglos. Sin embargo, la construcción de chinampas incrementó lo que se conoce

---

[36] De acuerdo con la Secretaría de Agricultura y de Desarrollo Rural, el sistema de chinampas de Xochimilco alberga el 2% de la biodiversidad y el 11% de la biodiversidad nacional.

como microhábitat y aumentó la capacidad de carga del sistema para soportar el aumento de poblaciones y la diversificación de especies.[37]

La mayor concentración de biodiversidad en un lago está en los lechos, en esta zona distintas especies desovan, hay mayor vegetación, anidan aves y hay un montón de interacciones constantes. Al construir chinampas, que a su vez formaron un sistema de canales, se crearon muchísimos lechos en Xochimilco; esto llevó al incremento de la capacidad de carga del ecosistema que mencionan Zambrano y Rojas. Xochimilco hoy sigue siendo el recordatorio de la posibilidad de aprender a relacionarnos y beneficiar el territorio que habitamos. La chinampería hoy está en peligro por otras actividades económicas y la degradación de Xochimilco, pero sigue siendo esencial para conservar uno de los lugares más biodiversos del planeta.

¿SE PUEDE HACER ALGO?

Sí.

Me explico, al momento de promover la acción por el clima, las razones para no hacerlo sobran. Es cómodo creer que la situación no es tan grave como parece o que la respuesta que debemos dar frente a la crisis no es tan drástica como he planteado en este capítulo. Mi padre en ocasiones me ha mandado videos que el algoritmo le arroja donde un científico o periodista de credenciales irrastreables afirma que la actividad solar está detrás del calentamiento del planeta o que es indiscutible que el petróleo no tiene relación con el CO_2 en la atmósfera. Sé que mi padre conoce y entiende la ciencia, pero me manda

---

[37] Luis Zambrano y Rubén Rojas, *Xochimilco en el siglo XXI*, México, Turner, 2021.

estos videos por si acaso alguno pega y nos permite el cómodo milagro de cancelar el apocalipsis. Hay que tener paciencia con las conversaciones que entablamos, hay miedo, incertidumbre y muchas ganas de que estemos equivocados; todo esto es un caldo de cultivo para la desinformación y las noticias falsas.

La verdad es que la ciencia es incontrovertible, la realidad está al alcance de todo aquel que quiera verla. Después de conocer unos brochazos de la ciencia que explica el problema en el que nos hemos metido como especie y en consecuencia al planeta entero, pasar a la acción nunca ha sido tan urgente.

La crisis climática es un umbral, no es una situación de encendido o apagado, sino una cuestión de cuánto permitiremos que el capitalismo cambie el clima. Las mediciones de cuánto ha cambiado el clima de nuestro planeta respecto a la era preindustrial —finales del siglo XIX— apuntaban que la variación era de 1.4 °C para 2024. Es decir, nuestro planeta estaba en ese año 1.4 °C más caliente que como lo conoció mi bisabuelo en 1900. El clima de nuestros abuelos ya no existe, el de nuestros bisabuelos menos. Ya cambiamos el clima de este planeta. La pregunta que queda por resolver es cuánto más estamos dispuestos a cambiarlo.

Las estimaciones de temperatura para el año 2024 lo colocaron como el año más caliente en la historia de la humanidad. Con un incremento de temperatura de más de 1.6 °C respecto a la era preindustrial, todos los meses de ese año fueron los meses más calientes en registro. Se trata de una marca que alcanzaríamos, según las predicciones más pesimistas, dentro de por lo menos cinco años más.

La noticia es grave, sin duda, nuestro planeta ya está resintiendo la fiebre y sus ciclos y procesos se están viendo violentamente alterados. Esto no es nada que no sepas, lo ves en las noticias, lo sientes en el clima del lugar en el que vives, lo sientes en el nudo que tienes en la garganta cuando piensas en ello. Pero seguir esta trayectoria es aún más peligroso, cada fracción de grado representa una diferencia enorme. Las consecuencias que resultan de rebasar un incremento de 1.5 °C, uno de 2 °C o uno de 3 °C son enormemente distintas. En cada una de estas fracciones se juega la posibilidad de sostener la vida en distintas regiones del planeta. En la famosa COP de París, los países insulares pelearon contra una redacción que se limitara a impedir un incremento de temperatura de 2 °C; sabían que tenían que exigir un límite de 1.5 °C porque esa pequeña diferencia es la que determina que muchos de sus países desaparezcan ante el incremento del nivel del mar. La lucha que tenemos delante no se detiene, no hay momento para bajar los brazos y el mejor momento para levantarnos siempre es ahora.

El planeta Tierra es un organismo vivo. El científico y ambientalista James Lovelock lo representa así en su teoría sobre Gaia, un superorganismo que integra todo lo que es la Tierra y que tiene la capacidad de autorregularse.[38] Sus ciclos naturales de corrientes marinas y atmosféricas responden a muchos factores que están interconectados, algunos de los cuales apenas estamos descubriendo. Los científicos climáticos describen la era geológica en la que surgimos los seres humanos como un paraíso climático. El Holoceno, como se le conoce, tuvo la temperatura perfecta. Sus características tan particulares y su regularidad permitieron el surgimiento de la agricultura en distintas civilizaciones en la misma ventana de tiempo relativamente pequeña. El Holoceno nos dio la predictibilidad en las lluvias y cambios precisos de estación que facilitaron la domesticación de distintas plantas. El cambio que hemos provocado ha sido de tal magnitud que ahora se considera que estamos en una nueva era geológica, el Antropoceno, cuyo principal factor de cambio han sido los seres humanos. Sin

---

[38] James Lovelock (1988), *The Ages of Gaia. A Biography of Our Living Earth*, Oxford University Press, 2000.

embargo, como lo explica Juan Arellanes, esta nueva distinción presenta un gran problema:

> El propio concepto de Antropoceno resulta problemático [pues] puede ocultar una larga historia de explotación colonial, imperialista, patriarcal y capitalista que hoy es la principal fuente de esta extralimitación. Por tanto, cuando se hace referencia al Antropoceno o a "la humanidad" en abstracto, suele dejarse de lado que fue una pequeña élite, en su mayoría integrada por hombres blancos del Norte Global, la responsable de la configuración de una civilización expansiva, que durante los últimos quinientos años ha provocado esta extralimitación, época que bien podría denominarse Capitaloceno.[39]

Definir correctamente el factor de cambio nos da una primera clave para construir la esperanza. No, no podemos enfriar el planeta, pero si podemos organizarnos para romper las estructuras de injusticia que agravan y aceleran la crisis climática. Sí podemos generar redes de apoyo y cuidado en nuestras comunidades, a través de las cuales nos preparamos para frenar proyectos destructivos, con las que se apoye a productores locales y campesinos que nos den de comer sin envenenar el suelo, redes mediante las cuales nos enseñemos saberes olvidados sobre conservas o propagación de semillas. Podemos forjar comunidades capaces de demandar aire limpio, agua suficiente y la restauración de zonas sacrificadas. Podemos moldear nuestro futuro, pues éste no está escrito y permanece oscuro, como dice Rebecca Solnit: "El futuro es oscuro, con una oscuridad tan de vientre como de tumba".

---

[39] Juan Arellanes, "Decrecimiento", en: Carlos Tornel y Pablo Montaño (eds.), *Navegar el colapso. Una guía para enfrentar la crisis civilizatoria y las falsas soluciones al cambio climático*, México, Bajo Tierra / Heinrich Böll, 2023.

2

REDEFINIENDO LA ESPERANZA

There is a crack, a crack in everything
That's how the light gets in.

LEONARD COHEN

El Bosque es una comunidad de pescadores en el estado de Tabasco, México. Se encuentra en una pequeña península con manglar y un faro, flanqueada, por un lado, por la desembocadura del río Grijalva, y, por el otro, por el Golfo de México. En 2010 la colonia tenía alrededor de 300 personas viviendo en ella, y ese año comenzó a perder su playa. En la década de los setenta, cuando llegaron los primeros habitantes de El Bosque, el mar se encontraba a más de un kilómetro de distancia. En los últimos años el mar empezó a avanzar rápidamente, erosionando la playa. Las tormentas, que han crecido en potencia por la crisis climática, han sido una de las principales razones detrás de la desaparición de esta comunidad. Al principio se perdió un par de casas, las más cercanas al mar, pero el mar siguió avanzando y alcanzó por completo la primera línea de casas y después la escuela primaria, el kínder, los templos y así sucesivamente. El panorama era propio de las imágenes climáticas que nos presentan o que quisiéramos imaginar para un futuro aún lejano: escombros en la orilla del mar y entre las olas un árbol seco que permanece de pie donde antes estaba una hilera de pinos que le dio su nombre a la comunidad.

Sin embargo, cuando escuchaba la definición de esperanza de las personas de la comunidad, ésta no consistía en que el mar retrocediera y les devolviera milagrosamente los más de mil metros de playa que habían desaparecido. Su esperanza se transformó en la posibilidad de reubicarse juntos y seguir siendo comunidad; de que sus hijos e hijas, que habían quedado sin escuela, volvieran a tener dónde estudiar, y de tener nuevamente la oportunidad de pescar. De tener un hogar. La falsa esperanza de una normalidad imposible de recuperar se había convertido en un lastre peligroso, pero la memoria de lo que tenían y perdieron se convirtió en un rumbo. Ellos lo definían como "seguir siendo gente de mar".

La palabra *esperanza* me ha costado trabajo por mucho tiempo, pero es importante hablar de ella porque es el amuleto al que acudimos por reflejo en el momento en el que nos encontramos. La repetimos como mantra y sospecho que cada quien tiene algo distinto en la mente al momento de invocarla. *Esperanza*. En su libro *Esperanza en la oscuridad*, Rebecca Solnit deshebra la palabra para quitarle aquello que nos estorba y desactiva:

> Es importante decir qué no es la esperanza: no es la creencia de que todo estuvo, está o estará bien. La evidencia de sufrimiento tremendo y de destrucción inmensa está a nuestro alrededor. La esperanza que me interesa tiene que ver con perspectivas amplias y posibilidades específicas, aquellas que invitan o exigen que actuemos. Tampoco es una narrativa optimista de que todo está mejorando, aunque puede ser contraria a la narrativa de que todo está empeorando. Podrías llamarla un relato de complejidades y certezas, con puntos de entrada.[40]

La palabra *esperanza*, en español, esconde la espera. La realidad es que la esperanza no puede consistir en la espera sino en la acción cargada de incertidumbre. No sabemos qué va a pasar, pero lo vamos a intentar. A lo largo de los años, Hollywood nos ha contaminado con la idea de un buen desenlace

---

[40] Rebecca Solnit, *Hope in the Dark*, Chicago, Haymarket Books, 2016. [La traducción de la cita es mía.]

casi inevitable; el mensaje de los *Avengers* consiste en que todo puede ir fatal y al mismo tiempo volver a donde estaba antes. En nuestro caso no podemos volver a la "normalidad", pues fue ésta la que nos trajo esta crisis. No podemos costear una ingenuidad tan grande con respecto a todo lo que está mal con el momento en que vivimos. Esa indulgencia hacia las estructuras injustas de nuestra sociedad terminaría por anular cualquier esfuerzo o victoria. Nuestra esperanza debe ser rabiosa, ambiciosa en sus alcances y dispuesta a la modificación profunda del mundo que habitamos, de lo contrario será insuficiente. El escritor y ambientalista estadounidense Bill McKibben dice que, en lo que toca al cambio climático, "ganar despacio es lo mismo que perder".[41]

Esperanza tampoco es optimismo. El crítico literario Terry Eagleton desarrolla ampliamente la diferencia entre una y otro en su libro *Esperanza sin optimismo*.[42] Para Eagleton, el optimismo es ingenuo y ensimismado, mientras que la esperanza requiere reflexión y compromiso. En este sentido, tener esperanza no es ser un comeflores que le ve "el lado bueno" a un huracán categoría 5, porque traería "agüita". Esperanza es entender que puedes hacer algo frente a ello. Con el temblor de septiembre de 2017 en la Ciudad de México, la esperanza tomó forma en la organización de miles de personas que removieron escombro para rescatar a sus vecinos, gente en bicicleta llevando medicamentos de un punto a otro de la ciudad, una señora preparando sándwiches y regalándolos a los rescatistas espontáneos, incluso en las personas en redes sociales que amplificaron la información de coordinación y llamado de auxilio. La esperanza no consistía en que todo estuviera bien, esa

---

[41] Bill McKibben, "Winning Slowly Is the Same as Losing", *Rolling Stone*, diciembre de 2016. Disponible en: https://www.rollingstone.com/politics/politics-news/bill-mckibben-winning-slowly-is-the-same-as-losing-198205/

[42] Terry Eagleton, *Esperanza sin optimismo*, Barcelona, Taurus, 2016.

abstracción inútil; la esperanza fue no esperar a que alguien más viniera a salvarnos, sino coordinarse, comunicar, organizar y actuar desde donde cada quien podía hacerlo. No sabemos cuántas vidas se salvaron gracias a la respuesta rápida de esa masa anónima, pero descubrimos que seguimos siendo capaces de esa reacción espontánea de practicar la esperanza. El intelectual desprofesionalizado Gustavo Esteva apela a esos momentos de bondad como el fundamento de la esperanza:

> Tener esperanza en tiempos difíciles está basado en el hecho de que la historia humana no sólo es crueldad. Es también compasión, sacrificio y valentía, bondad. Recordarlo nos da la energía para actuar, y por lo menos la posibilidad de enviar este trompo de mundo a que gire en otra dirección.[43]

En medio de los desastres, la cobertura mediática suele priorizar las escenas de saqueo y violencia, buscan una historia que venda por exhibir actos ilícitos y que llame incontrovertiblemente a la presencia del gobierno y su aparato de orden, las policías o los militares. Rara vez se dedican las notas posteriores al desastre a documentar la bondad entre vecinos que se ayudaron o que se organizaron para limpiar el camino y permitir el paso de las ambulancias o que cargaron con alguna persona herida desconocida. Pero ahí están las acciones de bondad que se superponen al desastre. Regreso a Solnit y suscribo sus palabras: "Creo en la esperanza como un acto de desafío, o más bien como la base para una serie continua de actos de desafío, aquellos actos necesarios para lograr algo de lo que esperamos".

En El Bosque, la situación se prestaba para que cada quien viera por su casa y su propia ruta de salida del territorio que había sido su hogar por más de cuarenta años. De hecho, eso

---

[43] Gustavo Esteva, *Escritos para organizar la esperanza*, México, Bajo Tierra / Centro de Encuentro y Diálogos Interculturales, 2024.

había empezado a ocurrir, la gente que pudo consiguió una casa o un cuarto en renta en la pequeña ciudad que se encuentra a veinte minutos de la colonia en vías de desaparición. Sin embargo, en el momento en el que se pusieron de lado las diferencias y se activó un proceso colectivo de demanda, el gobierno de México no pudo continuar ignorándolos. Hicieron una rueda de prensa en medio de los escombros, tres organizaciones[44] les ayudamos a convocar a los medios y tres generaciones de mujeres hablaron en nombre de la comunidad, exigiendo justicia y su reubicación, ante un desastre que ellos no habían provocado. Hoy la Nueva Colonia El Bosque es el primer caso de reubicación de desplazados climáticos en México. Tener esperanza es asumir que vale la pena luchar y hacerlo sin la certeza de lo que va a pasar.

Hay múltiples maneras de redefinir la esperanza que nos pueden ayudar a quitarnos el lastre de nostalgia o desánimo ante la imposibilidad de sostener un mundo que ha dejado de existir. Eso no quiere decir que lo que podemos ganar y preservar no valga la pena, tampoco quiere decir que las injusticias que nos trajeron a este desastre no puedan ser erradicadas y cambiadas por nuevos modelos de cuidado y de comunidad. El sueño es ambicioso porque no tenemos alternativa.

SÍ, SÍ ES CULPA DEL CAPITALISMO

Para poder construir un nuevo concepto de esperanza, es necesario hablar del capitalismo y enfrentarlo como una realidad dominante y que nos condena. Si intentamos construir una idea de esperanza ignorando el origen de la devastación de nuestros sistemas de vida, la mentalidad y el sistema de pensamiento responsable de todo ello, estaremos distrayendo

---

[44] Conexiones Climáticas, Greenpeace México y Nuestro Futuro.

nuestra atención vital y nuestra energía. Pensemos en un ve-
lero que tiene un agujero en su casco por el que entra agua;
en ese escenario, no serviría de nada culpar a las salpicaduras
que llegan del mar o a los tripulantes por escupir al hablar o
estornudar sin cubrirse la boca. Si hiciéramos esto, la verdadera
razón por la que la embarcación se hunde permanecería cómo-
damente ignorada detrás de ideas absurdas que se esgrimen
con tal de no enfrentar la realidad.

Culpar al capitalismo le puede parecer a algunos un cliché o
una reacción adolescente. "Si eres joven y no eres de izquierda,
no tienes corazón; si eres adulto y no eres capitalista, algo está
mal con tu cabeza". Esta frase —atribuida equivocadamente
a Winston Churchill— es de lo más simplista, sin embargo,
sirve para ejemplificar lo que quiero decir: criticar al capitalismo es algo que se espera de un adolescente que acaba de
descubrir a Marx y no parece ser el mejor punto de partida para
construir el concepto de esperanza en un libro sobre cambio
climático. A este respecto, me gustaría citar otra frase muy conocida: "Es más fácil imaginar el fin del mundo que el fin del
capitalismo". Se le atribuye tanto al sociólogo marxista Fredric
Jameson como al filósofo Slavoj Žižek. En cualquier caso, el
sentido de esta sentencia no era ni es definir un plan de acción,
sino realizar una crítica a nuestra imaginación, limitada por
un modelo que ha conseguido afianzarse como absoluto. Hoy
vemos la frase de Jameson o Žižek concretarse en nuestras pan-
tallas, donde aparecen incendios que borran colonias enteras
de Los Ángeles, o en la impunidad con la que Israel perpetúa
un genocidio contra el pueblo palestino, o en la obstinación de
nuestras autoridades por sostener las inversiones en extracción
y quema de combustibles fósiles a pesar de la innegable relación de éstos con los impactos cada vez más destructivos de la
crisis climática.

Para muchos, modificar el modelo económico seguirá fuera de toda discusión; primero sacrificarán naciones enteras al

incremento del nivel del mar o incluso el porvenir de sus hijas e hijos antes de cuestionar siquiera el imperativo de que la economía siga creciendo. Así, verán con indiferencia el azote de megahuracanes o megasequías, entre otros desastres. Cuanto antes nos demos cuenta de que lo único que nos ha salvado de estar entre los sacrificados de la crisis climática ha sido una mezcla de privilegio y buena suerte, mayor será nuestra posibilidad de organizarnos y resistir a un modelo económico —junto con sus empresas y multimillonarios— que no dudará en seguir enriqueciéndose a costa de nuestro sufrimiento. La esperanza que hemos de imaginar debe venir de una visión en la que el capitalismo y sus promotores van perdiendo control y se vuelven irrelevantes frente a la organización que construimos.

El capitalismo no puede no destruir

El principal imperativo del capitalismo es el crecimiento económico. Por ello, la definición más sucinta que podemos dar del capitalismo es la acumulación por la acumulación misma. Se decreta que la economía debe crecer de forma sostenida y que entre más lo haga mejor; sin embargo, este crecimiento no genera beneficios más que para la acumulación misma. Es un crecimiento exponencial que se va extendiendo año con año. Los economistas consideran que un crecimiento "sano" para un país como México es de alrededor de 3% del Producto Interno Bruto. Si se cumpliera esta meta, la economía entera de México de 2024 se habría duplicado para el 2041. Todas las actividades económicas, de servicios, la agricultura, la minería, la industria, toda la riqueza generada, todo duplicado.

Tenemos un modelo económico que exige crecimiento infinito en un planeta finito. Los indicadores económicos que se toman como parámetro de éxito de un gobierno omiten que esa economía en crecimiento requirió de materiales físicos y de energía para existir. Es decir, un 3% de crecimiento económico implicó un porcentaje similar de materiales extraídos y de nueva energía generada y, en consecuencia, nuevas emisiones liberadas a la atmósfera. Se pregona que la economía digital permite crecer la economía sin generar mayor presión a los ecosistemas; después de todo, si el servicio que se presta se hace desde una computadora, ¿dónde queda el impacto ambiental? ¿Qué huella tiene el servicio de consultoría? Ese impacto es cada vez más evidente por el costo energético asociado a los centros de almacenamiento de datos, algo que con el auge de la inteligencia artificial (IA) va en vertiginoso aumento. Si consideramos que para 2026 se proyecta que los servidores de inteligencia artificial instalados en Estados Unidos consuman el 6% de toda la energía de este país,[45] entenderemos que no porque una actividad sea virtual no tiene un impacto en la vida real. Además, este crecimiento económico implica una mayor posibilidad de consumo para quienes se benefician por él. Así, el servicio prestado de manera digital puede tener una huella pequeña y difícil de percibir, pero el auto, el viaje y los electrónicos comprados con la paga recibida tienen un gran impacto. El modelo nos llama a consumir y hacerlo desde dispositivos que validan nuestro "derecho" a gastar y sentir la satisfacción de nuestro trabajo.

La imagen generada mediante IA puede ser falsa, pero sus emisiones son muy reales y el agua que consume también lo es. Éste no es un llamado a condenar la tecnología *per se*, sino a cuestionar y criticar las narrativas que se empeñan en esconder su verdadero impacto y pregonarlas en cambio como la solución a la crisis ambiental y climática. La tecnología se nos presenta como inevitable, absoluta ganadora por *default* de todo lo que habrá de suceder, pero la historia no es tan lineal como algunos quisieran contarla. La tecnología no lo impregna todo al punto de borrar los espacios de resistencia; en la agricultura

---

[45] Agencia Internacional de Energía, *Analysis and Forecast to 2026*, 2024.

hay un poderoso ejemplo de ello. A pesar de contar con el aval de los aparatos de gobierno y de los organismos internacionales, la mal llamada Revolución Verde, que consistió en la introducción, muchas veces forzada, de paquetes tecnológicos con semillas híbridas y sus respectivos agrotóxicos, no ha logrado borrar la resistencia de la agroecología y la siembra de la milpa en muchos países y culturas del Sur Global. Esta forma de resistencia al poder que se asume como absoluto es el mejor ejemplo de que es posible seguir ganando a pesar del tamaño del enemigo que tenemos delante.

Esto nos lleva de vuelta a la lucha contra la tecnología, que además se reviste de solución climática. Eva Feldheim, defensora y activista del pueblo sámi en Noruega, explicaba en una entrevista que le hicimos en el podcast *Humo* de qué forma el despliegue de la tecnología verde había llevado a su comunidad a defender su territorio contra la instalación de turbinas eólicas para la generación de energía. Durante los primeros veinte minutos de la entrevista, yo experimenté diversas contradicciones internas al escuchar el relato de Eva sobre cómo habían logrado ganar un litigio icónico contra la industria eólica en el norte de Noruega. El pueblo sámi se plantó contra este proyecto de energía renovable porque, por más que no se tratara de combustibles fósiles, esto no significaba que se tratara de un proyecto libre de impactos y de injusticias. La energía que se iba a generar en un territorio que históricamente ha sido del pueblo sámi ni siquiera iba a ser en beneficio de esta población, sino que sería utilizada para alimentar los servidores de Microsoft y Facebook, los cuales seguramente presumirían que su impacto ambiental era prácticamente nulo al estar encendidos con energía eólica. Sin embargo, estas compañías habrían desplazado a una comunidad que ha sabido convivir de forma respetuosa con su entorno por cientos de años, devastando, de paso, un ecosistema con caminos, cimientos, ruido y la urbanización de lo que hoy, por fortuna, siguen siendo parajes para el pastoreo de renos. De ahí viene la importancia de hacer una crítica climática que vaya mucho más allá del dióxido de carbono y los combustibles fósiles, llevándola hasta el modelo capitalista. Este modelo necesita apropiarse de algo que antes le era inaccesible para seguir creciendo, ya sea el trabajo de alguien más, el territorio que antes resultaba inútil o demasiado lejano o algún recurso que antes no tenía forma de explotar.

En defensa del capitalismo seguramente habrá quien diga que se trata de un modelo que ha servido para sacar a una gran parte de la población de la pobreza. La teoría que nos contaron en la clase de economía, en la prepa, dice que al generarse más riqueza ésta eleva la calidad de vida de la población en general a partir de la repartición de un pastel cada vez más grande. Sin embargo, esta teoría es una fantasía. En primer lugar, el capitalismo, desde el punto de vista de la naturaleza, no genera riqueza: el capitalismo arrebata lo que existía en el entorno natural y se lo apropia. O lo arrebata de lo que producen las personas con su tiempo y su trabajo. Una embotelladora de agua es un claro ejemplo de ello; las refresqueras no crean el agua, la sacan del subsuelo o desvían un arroyo, la meten en una botella y te la venden con microplásticos en la tiendita de la esquina. En segundo lugar, el capitalismo esconde los costos de su crecimiento en algo que se conoce como externalidades y periferias. El periodista británico George Monbiot lo explica de la siguiente manera:

Siempre debe haber una zona de extracción, de donde se tomaron los materiales sin haber pagado completamente su valor, y una zona de desperdicio, en donde los costos son arrojados en la forma de desechos y contaminación. Así la escala de la actividad económica continúa creciendo hasta que el capitalismo lo afecta todo desde la atmósfera hasta el suelo marino en lo más profundo del océano, el planeta entero se convierte en una zona de sacrificio: todos habitamos la periferia de la máquina que hace el dinero.[46]

Es frecuente encontrarnos con personas que nos invitan a "madurar" y esto implica que debemos elegir entre economía y medio ambiente. Por supuesto, una conversación así está sesgada de origen y no hay manera de salir bien librado de ella, mucho menos si la persona que nos plantea dicha disyuntiva nos sitúa en el lugar de un irracional abraza-árboles y él o ella se asume como defensor del "desarrollo" económico necesario para sacar a la gente de la pobreza y dotarla de servicios. La mentira que subyace a esta discusión es que ese crecimiento reducirá la pobreza y mejorará la calidad de vida de la población con hospitales, escuelas, vías de comunicación y oportunidades de esparcimiento. La simplicidad de la dicotomía es una trampa, no hay una verdadera valoración de las necesidades, se asume que la creación de ciertas cosas —servicios, productos— es una bondad y punto. El modelo esconde el hecho de si las necesidades que satisface son reales o fueron creadas con la finalidad de mover los engranes de la economía para generar una mayor acumulación. La idea de que el crecimiento económico que produce el capitalismo es beneficioso para todos es de una ingenuidad avasalladora. Como señala el antropólogo Jason Hickel, "no tiene sentido hacer crecer todo el PIB y simplemente esperar ciegamente que termine invertido por arte de magia en fábricas de paneles solares. Si así hubieran abordado los Aliados la necesidad de fábricas de tanques y aviones durante la Segunda Guerra Mundial, los nazis estarían a cargo de Europa en este momento".[47]

---

[46] George Monbiot, *This Can't Be Happening*, Londres, Penguin Green Ideas 4, 2020. [La traducción de la cita es mía.]

[47] Jason Hickel. *Less is More*, Londres, Penguin Random House, 2020. [La traducción de la cita es mía.]

Ese último enunciado no ha envejecido del todo bien, considerando el auge de la ultraderecha en Europa y los brotes fascistas alrededor del mundo, pero la crítica a la ingenua fe en el crecimiento económico se sostiene. Nos han pedido comprar el dogma del crecimiento como algo incuestionable e inherentemente bueno, y es mentira. La realidad es que el modelo capitalista funciona perfectamente haciendo lo que fue diseñado para hacer: acumular. A este respecto, Hickel también apunta:

> El 60% más pobre de la humanidad recibe solamente alrededor del 5% del ingreso global [...]. El 1% más rico por sí solo captura 19 billones de USD [*trillions*, en inglés] en ingresos cada año, lo que representa una cuarta parte del PIB global. Eso suma más que el PIB de los 169 países más pobres juntos, una lista que incluye a Noruega, Suecia, Suiza, Argentina y todos los países del Medio Oriente y el continente entero de África.

El libro de Hickel del que extraigo la cita fue publicado en enero de 2020, lo que significa que estas cifras, de por sí escandalosas, son aún peores en la actualidad, si tomamos en cuenta la voraz acumulación que se vivió durante y después de la pandemia del covid-19. Dos años después de la publicación del libro de Hickel, Oxfam afirmaba que: "Los diez hombres más ricos del mundo más que duplicaron sus fortunas, pasando de 700 000 millones a 1.5 billones, a una tasa de 15 000 USD por segundo o 1.3 mil millones de USD al día, durante los primeros dos años de una pandemia en la que los ingresos del 99% de la humanidad disminuyeron y más de 160 millones de personas cayeron en la pobreza".[48]

---

[48] Oxfam, "Ten richest men double their fortunes in pandemic while incomes of 99% of humanity fall", 2022. Disponible en: https://www.oxfam.org/en/press-releases/ten-richest-men-double-their-fortunes-pandemic-while-incomes-99-percent-humanity

La enorme tarea que tenemos por delante es la de una reconversión de nuestra economía y ésta debe liberarse de la orgía ciega del crecimiento infinito. En primer lugar, se requiere una verdadera redistribución de la riqueza existente; luego, en la gran mayoría de los países, un decrecimiento de sus economías, y, finalmente, erradicar el crecimiento de la economía como un parámetro de estabilidad y bonanza. La lógica económica que debe imperar es la de resolver necesidades —salud, educación, vivienda pública, respuesta a emergencias, alimentación— y decrecer o desaparecer actividades y gastos que no necesitamos —armas, yates, aviones, apuestas, refinerías, megaproyectos turísticos y un largo etcétera que por lo general tiene el interés del 1% más rico ya mencionado—. No podemos confiar en que las fuerzas de la oferta y la demanda actuarán en contra de una élite económica cada vez más poderosa por su obscena acumulación de riqueza y, recientemente, por su acceso directo a la toma de decisiones políticas, como es el caso de Elon Musk en el gobierno de Estados Unidos. Por si faltara recordarlo, no es normal que el hombre más rico del mundo pueda decidir el destino del gasto público de la nación más rica del mundo.

Con la segunda llegada de Trump a la Casa Blanca, muchas de las formas de violencia y coerción del capitalismo que se mantenían ocultas o veladas ahora se exhiben sin ningún tipo de pudor. La simulación de civilidad con la que se disfrazó el capitalismo del siglo xx ha quedado en desuso con el resurgimiento de la ultraderecha. Por esta razón se abandonan los organismos internacionales, los esquemas de cooperación internacional, los acuerdos climáticos, y regresan las amenazas de uso del poderío militar para proteger y expandir los intereses de las naciones y las compañías transnacionales.

Debimos haber abandonado el modelo capitalista hace mucho tiempo, su promesa de "sacarnos" del subdesarrollo —palabra que inventaron para fijarnos un objetivo ilusorio— hace tiempo que caducó y nadie se esmera por sostenerla desde la evidencia. La llegada al poder de radicales del libre mercado y la explotación acelera el desencanto de muchos con este modelo. Es nuestra tarea mostrar las grietas en el muro que hace veinte años parecía impenetrable. Es la oportunidad de llevar a otros a comprender que el capitalismo no será el modelo que nos permita enfrentar la crisis climática. El modelo capitalista sólo hará lo que mejor sabe hacer: acumular, externalizando los costos.

Incluso en el remoto caso de que el capitalismo intentara alinear su visión de expansión económica con lo que algunos llamaron a principios de siglo XXI como "capitalismo verde", este modelo serviría primero y sobre todo a los países más ricos. Los escasos espacios en los que ha avanzado esta agenda son prueba de ello. Los salares de Bolivia, Chile y Argentina son explotados para extraer el litio con el que se producen las baterías de los autos eléctricos de Estados Unidos y Europa. Ese mismo litio podría servir para garantizar la provisión de energía renovable en regiones donde un sistema de calefacción o de aire acondicionado es una cuestión de vida o muerte. Pero antes de encender los aires acondicionados de la población de Tabasco, donde se alcanzan temperaturas de 50 °C en verano, el capitalismo verde encenderá las Cybertrucks de más de tres toneladas. No entender que el capitalismo, sea verde o de cualquier color, sacrificará a quien haga falta con tal de atender las demandas de consumo de las naciones más ricas es particularmente peligroso para las economías del Sur Global. Es en estos países donde se concentra buena parte de los minerales críticos que necesita la transición energética.[49]

---

[49] Según datos del Banco Mundial disponibles en el libro de *Minerales críticos para la transición energética*, 65% de las reservas de cobalto del mundo se encuentran en la República Democrática del Congo (RDC). Uno esperaría que esto significara una importante fuente de desarrollo para este país, sin embargo, de acuerdo con Amnistía Internacional, en 2024 la RDC tenía más

Además, como ya lo mencionamos anteriormente, el capitalismo no puede no crecer y no puede no destruir; su pintura verde se cae en el momento en el que debe extraer para sostener el nivel de acumulación. Vivimos en un mundo que ha sido y sigue siendo capaz de sostener la vida; ese entramado de relaciones complejas es el que debemos proteger y regenerar, no un modelo que nos obliga a crecer sin final alguno y a cualquier costo. El grupo de células que crece sin control y sin importar que su crecimiento termine por matar al cuerpo que lo sostiene se le llama, en medicina, cáncer. El capitalismo encaja perfectamente en esa descripción y está logrando su cometido de crecer de manera estupenda. El resultado es un mundo vivo que peligra.

Herencia patriarcal, colonial y racista

El capitalismo es la herencia de una triada que Yásnaya A. Gil desglosa de la siguiente manera: en primer lugar, el patriarcado, que tiene su punto de partida en el establecimiento de la propiedad privada, incluyendo a las mujeres como parte de esa propiedad del hombre; en segundo lugar, el colonialismo, que justifica la expansión de los imperios desde la lógica de "aprovechar" mejor lo que los pueblos originarios o "bárbaros" no saben usar, menospreciando otras formas de vida y cultura al punto de llevar a muchas de ellas al exterminio; y, finalmente, el racismo, que operó como el motor de crecimiento económico de muchos de los países que hoy llamamos primer mundo. En 1860 el activo económico más valioso en Estados Unidos eran los esclavos.

---

de siete millones de personas desplazadas internamente por el conflicto. En diciembre de ese mismo año se interpuso una demanda contra la compañía Apple por estar utilizando minerales provenientes del conflicto.

El ADN del capitalismo está delicadamente trenzado en estos tres elementos, empezando por el patriarcado, que toma relevancia al mismo tiempo que Francis Bacon, considerado el padre de la ciencia moderna, establece y populariza el método científico. En sus explicaciones, Bacon refleja que el modelo a seguir para explotar la naturaleza es el mismo que el de la violencia ejercida por los hombres contra las mujeres. Sus descripciones de dominación de la naturaleza llegan a ser una apología de la violación. En *La muerte de la naturaleza*, la filósofa e historiadora de la ciencia Carolyn Merchant recupera los siguientes pasajes de Bacon:

> "Vengo en verdad para guiarte hacia la naturaleza con todos sus hijos, para atarla a tu servicio y convertirla en tu esclava". "No tenemos derecho", afirmó, "a esperar que la naturaleza venga a nosotros". En cambio, "la naturaleza debe ser tomada por el copete, pues es calva por detrás". La demora y los argumentos sutiles "sólo permiten aferrar a la naturaleza, nunca tomarla y capturarla".[50]

En su descripción de las nuevas tecnologías como la imprenta, la pólvora, la navegación y el arte de la guerra, Bacon les da una personalidad frente a la naturaleza:

> "No actúan como los antiguos, ejerciendo simplemente una guía suave sobre el curso de la naturaleza; tienen el poder de conquistarla y someterla, de sacudirla hasta sus cimientos". Bajo las artes mecánicas, "la naturaleza revela sus secretos más plenamente […] que cuando disfruta de su libertad natural".[51]

---

[50] Carolyn Merchant, *The Death of Nature. Women, Ecology, and the Scientific Revolution*, Nueva York, Harper & Row, 1990. [Las traducciones de las citas de este libro son mías.]

[51] *Idem.*

Además de sus desafortunadas descripciones, Bacon y sus contemporáneos dieron forma al pensamiento científico y económico estableciendo una clara jerarquía: la mecánica productiva por encima de la naturaleza como soporte de vida. La representación femenina de la naturaleza no fue accidental y se vio reflejada en el dominio de los hombres en las nuevas sociedades urbanas, donde las mujeres pasaron de tener roles participativos en la sociedad campesina a ser relegadas a las tareas domésticas y de cuidados —mismas que fueron definiéndose como de exclusivo carácter femenino—. Siglos más tarde, el capitalismo sigue dependiendo de una lógica de explotación que requiere de la invisibilización y externalización del trabajo de cuidados, tarea realizada en su gran mayoría por mujeres.

Siguiendo con el repaso de los cimientos del capitalismo, la lógica colonial fue esencial para su carácter expansivo. Aquí nos encontramos de nuevo con Thomas Malthus, el economista obsesionado con el crecimiento poblacional y que hoy parece cosechar nuevos adeptos. Malthus convirtió su preocupación poblacional en un argumento a favor de la supuesta necesidad de expansión territorial de los imperios para "aprovechar" las tierras que otros pueblos —considerados inferiores— no sabían aprovechar adecuadamente. Primero fue la colonización de América la que permitió un acelerado enriquecimiento de las coronas europeas. Después vino el reparto de África, mediante el cual las potencias europeas —Reino Unido, Francia, Alemania, Bélgica, Portugal, España e Italia— se dividieron el territorio de un continente sin considerar a los pueblos que ahí habitaban. Este reparto provocó una explotación salvaje de la población y los territorios africanos por más de cien años y diseñó las condiciones de conflicto que hoy siguen abonando a la inestabilidad de la región.

El principio colonial no se terminó con las independencias africanas de mediados del siglo xx. Tomó otras formas. En la Alemania nazi, la noción de *Lebensraum* —que se traduce como "espacio vital"— fue usada por Hitler para justificar la anexión de Austria y Polonia. Lamentablemente, hoy revive ese discurso en la figura de nuevos colonizadores como Trump y su deseo de anexar Groenlandia a Estados Unidos, o el gobierno de Israel, con su pretensión de despojar al pueblo palestino de la Franja de Gaza, sin importar el genocidio que deba cometer para ello. En la medida en que el capitalismo se queda sin espacio y recursos para su expansión, se vuelve más violento y descarado en su necesidad de seguir creciendo, transgrediendo fronteras y discursos que antes habrían resultado impensables.

Como consecuencia a la expansión de los países, las corporaciones fueron las herederas de las relaciones coloniales que abundaban hasta mediados del siglo xx. De pronto ya no era la bandera de un país el estandarte que encabezaba la conquista y explotación de un territorio, sino el logotipo de una compañía. En nuestra región, el caso de la American Fruit Company en Guatemala es el claro ejemplo de la desenmascarada sobreposición de los intereses de una empresa sobre los de una población. La empresa bananera, ahora llamada Chiquita Fruit Company, despojó a la población de su territorio con violencia. La impunidad de estas empresas se impone como ley en la gran mayoría de los casos.

El principio colonizador también opera en formatos de aparente civilidad y hasta se disfraza de buena voluntad. Los gobiernos del Sur Global han sido entrenados para vitorear la inversión extranjera. El simple anuncio de la intención de construir una nueva planta maquiladora alcanza los encabezados de los periódicos y suscita efusivas declaraciones de gobernadores y hasta de la presidenta, en nuestro país. Sin embargo, el anuncio de una inversión es sólo una pequeña parte de una historia que puede contener la desaparición de un bosque a manos de una minera o el desecamiento de un río para una sedienta nueva fábrica de cerveza. O, como en el caso del infame

Proyecto Saguaro, que busca la exportación de gas fósil, también llamado erróneamente gas natural, de Texas a Asia, puede significar la conversión de una región en zona de sacrificio, con todo y el desplazamiento o la muerte de las majestuosas ballenas que habitan el golfo de California. La amenaza colonizadora no se detiene en los proyectos, nuestras mentes y sueños también son colonizados cuando deseamos los deseos de los opresores, cuando nuestros discursos repiten los argumentos que nos enseñan en las clases de economía y en las noticias. Es más fácil cancelar un proyecto de megaminería que transformar las aspiraciones de una población adoctrinada en el desprecio por su propia capacidad.

Finalmente está el racismo, una condición mental cuyas raíces abrevan de los manantiales del miedo y la ignorancia, dando como fruto un odio pegajoso y difícil de erradicar. El momento histórico en el que el racismo sirvió más al capitalismo fue con el comercio de esclavos africanos entre 1500 y 1800. Durante este periodo, la esclavitud fue el motor de las economías del mundo, las y los esclavos que cultivaban la tierra, construían las grandes ciudades y minaban los materiales para que el mundo se sostuviera. La importancia de la contribución económica de la esclavitud se puede equiparar, en muchos sentidos, a la contribución de los combustibles fósiles a nuestras economías modernas. Muchos de los argumentos que se esgrimen en contra de la posibilidad de erradicar los combustibles fósiles se usaron también para abogar en contra de la abolición de la esclavitud. "¿Cómo vamos a alimentarnos si el campo requiere fertilizantes de origen fósil?". "Nuestras economías no están preparadas para sostenerse sin las ganancias que inyectan el gas y el petróleo". Las mismas dudas surgían —o se querían imponer— ante la propuesta de liberación de los esclavos. El capital resistió todo lo que pudo para no ceder el derecho a explotar a otro ser humano, y su batalla no ha terminado.

A pesar de su abolición, el trabajo esclavo sobrevive sorprendentemente en la economía de Estados Unidos, pues el trabajo que realizan las personas privadas de su libertad en prisiones rebasa los 2 000 millones de dólares.[52] Muchas empresas y gobiernos estatales aprovechan este esquema de trabajo para ahorrar costos y pagar una fracción ínfima del salario mínimo federal, o nada en lo absoluto en algunos estados. En los incendios de Los Ángeles de 2024, casi mil prisioneros participaron como bomberos. A pesar del riesgo al que estuvieron expuestas, estas personas no recibieron el mismo pago que los bomberos profesionales y su experiencia no les es tomada en cuenta para conseguir trabajo como bomberos una vez que cumplan su condena. Y, como es sabido, las personas negras constituyen la principal población de las prisiones en Estados Unidos.

El racismo sólo requiere un poco de riego, condiciones mínimamente propicias para resurgir y, así, aquellos que se vieron en la necesidad de reprimir su odio vuelven a exhibirlo. Hoy en día, en Alemania, las consignas escritas en árabe en pancartas y exhibidas en manifestaciones públicas son penadas y perseguidas por la policía, y los testimonios de personas detenidas por el Servicio de Control de Inmigración y Aduanas (ICE, por sus siglas en inglés) en Estados Unidos por el simple hecho de haber sido escuchadas hablando español inundaron las redes sociales en los primeros meses del gobierno de Donald Trump. No hay victoria social que pueda considerarse definitiva cuando el capital puede extraer réditos de su reversión.

La expansión capitalista también se vale del racismo para justificar el arrebato de tierras y el sacrificio de poblaciones. En la ciudad de Chicago las poblaciones latinas y negras tienen peor calidad de aire que las áreas habitadas por gente blanca,

---

[52] ACLU, *Captive Labor Exploitation of Incarcerated Workers*, 2022. Disponible en: https://www.aclu.org/news/human-rights/captive-labor-exploitation-of-incarcerated-workers

y no es sólo una mala coincidencia sino una estadística que se repite en muchas ciudades y países. El racismo ambiental determina qué poblaciones son más sacrificables; así se determina, en las políticas urbanas, dónde se instalan industrias contaminantes o qué parques se priorizan. En el caso de México, los megaproyectos replican ese mismo racismo en contra de los pueblos indígenas, los cuales son celebrados cuando se trata de enaltecer nuestra herencia cultural, pero son criminalizados cuando su autonomía amenaza al capital. Podemos mencionar el ejemplo del Corredor Transístmico. Este proyecto de más de 300 kilómetros contempla la instalación de diez parques industriales para conectar el tránsito de mercancías entre el Golfo de México y el Océano Pacífico. Para llevarlo a cabo, las industrias y el gobierno deben apropiarse de tierras indígenas y ejidales, y una de las formas de coerción que han ejercido es la criminalización de los defensores del territorio. En Puerto Madera, Oaxaca, se criminalizó a la población y giraron órdenes de aprehensión contra comuneros que protestaban contra el arrebato de tierras. Otro caso icónico de despojo es el mal llamado Tren Maya, el doctor Carlos Tornel lo explica así en una entrevista de 2024:

Es más que un tren porque implica toda una reconfiguración territorial que permite y acelera la inversión en territorios que históricamente se consideran subdesarrollados o fuera del desarrollo industrializado como ha sido formulado en el resto del país. Al mismo tiempo, utiliza de una forma profundamente condescendiente la cultura y la cosmovisión mayas: el tren reduce la cultura a una mercancía que se puede consumir fácilmente.[53]

---

[53] Claudia Lizardo, "El modelo extractivo necesita un gendarme", *Ambulante*, 18 de septiembre de 2024. Disponible en: https://ambulante. org/blog/el-modelo-extractivo-necesita-un-gendarme-conversacion-sobre-el-tren-maya-con-carlos-tornel

A pesar de que la historia oficial, contada desde las potencias económicas, pretenda presentar como erradicados estos tres elementos —patriarcado, colonialismo y racismo—, lo cierto es que no sólo siguen vigentes sino que son esenciales para garantizar la expansión actual del capital. Hasta hace unos cuantos años había una cierta preocupación, por parte del capitalismo, por mostrar una cara más incluyente, aunque fuera sólo una manera de esconder su esencia verdadera. Las políticas de inclusión conseguían distraer la atención y permitían alejar la crítica de los problemas estructurales, al menos momentáneamente. Sin embargo, la nueva tendencia propagada por la extrema derecha ya no se preocupa por sostener esta fachada siquiera; sólo queda la violencia al descubierto y torpes argumentos meritocráticos para justificar la desaparición de cualquier política afirmativa. El nuevo mantra es que el sistema no se equivoca: que el pobre es pobre porque quiere y que los pueblos explotados lo son porque carecen de una mayor ambición, y listo.

Sí, tengo un iPhone: luchar contra un sistema en el que vives

Confieso que tengo un iPhone. Quizás esto le sorprenda a más de uno, sin embargo, tener uno de estos aparatos no invalida a nadie para criticar al modelo capitalista en el que vivimos. En el ámbito de la lucha contra la crisis climática es frecuente enfrentarse con este tipo de críticas simplistas —"¡No puedes criticar al capitalismo porque tienes un iPhone!"—, sin embargo, creo que más que desecharlas o desdeñarlas es conveniente tomarlas como punto de partida para una discusión sobre nuestras contradicciones e incongruencias. La escritora canadiense Naomi Klein dijo alguna vez en una entrevista que, en la lucha climática, primero debemos abrazar nuestras incongruencias para después ponerlas a un lado y poder concentrarnos en lo que vale la pena.

Naturalmente, esto no es una licencia para que deje de importarnos aquello que defendemos o decimos defender, y empezar a llevar vidas consumistas; no es una invitación a cambiar nuestro guardarropa cada dos meses con ropa de Shein o manejar una camioneta gigantesca para recorrer cuatro kilómetros urbanos, sin usarla nunca como herramienta de trabajo. No, por ahí no va el argumento. La idea es reconocer que hay cosas con las que tenemos que vivir hoy, pero que estamos muy dispuestos a abandonar en ese futuro posible que imaginamos.

Una vez participé en una investigación sobre minería y corrupción y tuvimos una reunión de trabajo con mineros. Después de una intervención en la que expuse los impactos de la minería a cielo abierto en algunas comunidades de México, uno de los mineros me interrumpió y, señalando a mi computadora, me preguntó si me gustaría vivir sin ella. Pensé mi respuesta unos segundos y le contesté la verdad: le dije que sí. Obviamente necesito mi computadora y la cuido, y en el presente no me desharía de ella, pero eso no implica que esté de acuerdo con la forma en la que explotan a niños en las minas de cobalto. El argumento es muy complejo, pero es una trampa si lo consideramos más de la cuenta. Muchas reuniones de organización y articulación se han ido al carajo cuando sus integrantes se ponen a competir por la pureza revolucionaria de unos y otros. En palabras de la escritora y activista Audre Lorde:

Al examinar la combinación de nuestros triunfos y errores, podemos analizar los peligros de una visión incompleta. No para condenar esa visión, sino para modificarla, construir modelos de futuros posibles y dirigir nuestra ira contra nuestros enemigos en lugar de dirigirla entre nosotros. En la década de 1960, la ira despertada en la comunidad negra a menudo se expresaba, no verticalmente contra la corrupción del poder y las verdaderas fuentes de control sobre nuestras vidas, sino horizontalmente hacia aquellos más cercanos a nosotros que reflejaban nuestra propia impotencia.[54]

Así como el esclavo negro de una plantación en 1800 podía organizarse y planear su lucha por la liberación desde la cabaña que le pertenecía a aquel que lo esclavizaba, la lucha contra el sistema en el que vivimos no nos debe conducir a la ilusión de querer preservarlo para que ahora nos sirva. Una de las frases más conocidas de Lorde es que "las herramientas del amo nunca desmantelaron la casa del amo". Pueden constituir formas temporales para obtener algunas victorias, pero, de acuerdo con Lorde, estas herramientas no servirán para construir algo nuevo. La respuesta que le di al minero era cierta: aunque no puedo deshacerme de mi computadora de manera inmediata, sí deseo un momento en el que las herramientas de trabajo de mi día a día no requieran del sufrimiento de otros ni de la destrucción de sistemas de vida por minería, contaminación y cadenas incomprensibles de exportación. Cada quien puede ir evaluando las medidas que incorpora para alcanzar mayor congruencia y replicar menos aspectos de un sistema que buscamos erradicar; para ello también podemos apoyarnos en los diálogos colectivos. Pero el argumento de la congruencia —o la falta de ella— no debe servir para alejarnos de la lucha o para criticarnos y atacarnos. En este sentido, resuena con mucha fuerza una pregunta de Lorde: "*¿Podemos todavía realmente costear estar peleándonos entre nosotros?*".[55]

Pluriverso de alternativas

La inercia de la Guerra Fría entre Estados Unidos y la URSS conserva su arrastre ideológico y simplista en las narrativas.

---

[54] Audre Lorde (1984), *Sister Outsider*, Berkeley, Crossing Press, 2007. [Las traducciones de todas las citas provenientes de este libro son mías.]
[55] *Idem.*

En una discusión, cuando planteas una crítica al capitalismo, muchos interlocutores asumirán de forma automática que la alternativa por la que estás abogando es el comunismo de Estado. Inmediatamente pasarán a enlistar la violencia ejercida por Stalin, la opresión que se practica en Corea del Norte y la imposibilidad de googlear lo ocurrido en la Plaza de Tiananmén en China. Una de las mentiras más efectivas del capitalismo ha sido la dicotomía, es decir, la idea de que la única alternativa a este modelo es el comunismo.

El mito del desarrollo es el corazón de esta contienda, en la que lo que se discute es el camino para llegar al mismo destino: el crecimiento económico. Rechazar la idea de que es necesario desarrollar nuestras comunidades —ese concepto abstracto con el que condenaron a dos terceras partes del mundo— permite plantear nuevas conversaciones en las que no haya lugar para un desarrollo, aunque sea con el apellido de *sostenible*. En *Navegar el colapso*, Carlos Tornel y yo lo planteamos de la siguiente forma:

> El desarrollo sostenible es, pues, un monólogo que elimina la posibilidad de desacuerdo sobre cuáles son los orígenes del problema y cuáles las posibles formas de solucionarlo. Al ser una idea enraizada en la colonialidad, el desarrollo debe entenderse como una manera de *whitewashing*, es decir, un discurso que busca borrar el pasado colonial que dio lugar al empobrecimiento de la mayor parte del planeta en beneficio de una minoría en el mundo occidental y que, a la vez, busca imponer una sola forma de entender el mundo como la única vía hacia la civilización y el progreso.[56]

---

[56] Carlos Tornel y Pablo Montaño, "El pluriverso de alternativas, un mundo donde quepan muchos mundos", en: Carlos Tornel y Pablo Montaño (eds.), *Navegar el colapso. Una guía para enfrentar la crisis civilizatoria y las falsas soluciones al cambio climático*, México, Bajo Tierra / Heinrich Böll, 2023.

El fracaso que significó para el comunismo el colapso de la Unión Soviética no fue el final de la historia que algunos deseaban. Las alternativas al capitalismo siguieron vigentes; por ejemplo, a los pocos años de la caída del bloque soviético los zapatistas proclamaron, frente a la supuesta integración de México a la modernidad con el Tratado de Libre Comercio de América del Norte, su lucha por "un mundo en el que quepan muchos mundos". La mirada colonial del capitalismo ignora y menosprecia cualquier manifestación de disenso que la expone y la cuestiona con fuerza. Sin embargo, por fortuna abundan las visiones de las que podemos abrevar y a partir de las cuales imaginar un futuro en el que acabemos con el capitalismo antes de que éste acabe con el mundo. A eso nos referimos cuando hablamos de un pluriverso, a una infinidad de posibilidades de organización de nuestras sociedades para cuidarnos y cuidar del planeta que sostiene la vida.

> Mark Fisher denominó a esta característica como realismo del capitalismo: la abrumadora sensación de que es más difícil imaginar el fin del mundo que el fin del capitalismo; así, cualquier resistencia resulta fútil, cualquier articulación, organización y/o protesta son inútiles, pues el capitalismo es una fuerza implacable. El pluriverso constituye un cuestionamiento radical a esta lógica, pues no sólo cuestiona y desarticula todas y cada una de estas percepciones, sino que busca reforestar el espacio de nuestra imaginación, descolonizar el pensamiento y abrir nuestros ojos, oídos y mentes a aprender, a escuchar (y dejarnos transformar por) otras alternativas de lo que es posible.[57]

Personalmente, pensar y escuchar sobre el pluriverso me resulta reconfortante, es un ejercicio de imaginación que le quita el filo a la ansiedad climática. Cuando escucho noticias y eventos

---

[57] *Idem.*

que marcan una nueva faceta de la violenta descomposición del capitalismo me invade la inquietud, pero entonces doy paso a la imaginación y recuerdo que la tarea no sólo consiste en resistir entre los escombros de este modelo sino construir algo nuevo, más justo, más bello, con más árboles, con arroyos de agua limpia, con otros ritmos y con otras formas de organización de la sociedad.

La lucha climática no sólo es resistir al capitalismo y a los combustibles fósiles, sino poblar el futuro que queremos. En talleres que organizamos desde Conexiones Climáticas[58] con comunidades de distintas partes del país hacemos un ejercicio de imaginación del futuro de aquí a treinta años. La única instrucción es que ese futuro debe ser ideal, es decir, en esos escenarios, todo lo que soñamos y por lo que luchamos es alcanzado. Las visiones de los futuros posibles que surgen de este ejercicio son fascinantes: las calles están llenas de árboles y el aire está cargado de flores; no faltan los huertos y nunca hay carros; la gente describe sus trayectos en bicicleta o transporte público y se imaginan comunidades llenas de vecinos que ocupan sus mañanas en oficios o pequeños intercambios de lo sembrado.

En ocasiones nos sorprende el hecho de que una de las luchas que debemos librar es por el derecho a imaginar otra cosa que no sea la irremediable reproducción de un sistema que no queremos. Como dice Yásnaya A. Gil, hay que luchar por desfosilizar nuestros sueños e imaginar esos otros mundos de los que hablaban los zapatistas.

Defiende al territorio, no a los ricos

En un posteo del 26 de mayo de 2022 en la red social antes llamada Twitter, Elon Musk escribió: "*Use of the word* billionarie

---

[58] Conexiones Climáticas es la organización de la que formo parte; hacemos comunicación climática frente a proyectos que aceleran la crisis climática y en apoyo a comunidades ya impactadas.

as a pejorative is morally wrong & dumb". Elon Musk es un imbécil y está mal ser un milmillonario (*billionaire* en inglés). Nadie tiene la necesidad de tener mil millones de dólares y no hay mérito capaz de justificar ese nivel de acaparamiento de riqueza. La élite de oligarcas mundiales no necesita ser defendida en la discusión pública; resulta urgente romper con la idea de que tiene sentido que alguien posea esos niveles de riqueza y que su opulencia es digna de admiración. Es obsceno que alguien tenga yates gigantescos con yates de soporte para abastecerlos de "juguetes" (*jet skis*, lanchas, helicópteros), comida y espacio extra para invitados. La fantasía de no criticarlos porque eventualmente puedo llegar a ser uno de ellos evidencia una seria incapacidad para leer la realidad. La gran mayoría de la población estamos mucho más cerca de convertirnos en refugiados climáticos que de ser millonarios, y los que ya son millonarios se están encargando de ello.

El fenómeno que ha permitido la desenfrenada acumulación de riqueza en unas pocas manos está ligado profundamente a la crisis climática. El poder adquisitivo de un puñado de milmillonarios tiene implicaciones brutales para nuestro sistema de vida planetario; en 2025, la revista *Nature* publicó un artículo académico que atribuye al 10% más rico de la población dos terceras partes del calentamiento planetario. El artículo pone en evidencia cómo las decisiones de consumo y las inversiones de este sector han sido las grandes culpables de buena parte del desastre climático. Al fraccionar aún más el grupo poblacional al 1% más rico, la información se vuelve más dramática, pues encontramos que este minúsculo grupo es responsable de una quinta parte de las emisiones globales.[59] No

---

[59] Sarah Schöngart, Zebedee Nicholls, Roman Hoffmann, *et al.*, "High-income groups disproportionately contribute to climate extremes worldwide", *Nature Climate Change*, 2025. Disponible en: https://doi.org/10.1038/s41558-025-02325-x

podemos darnos el lujo de tener gente tan rica en el planeta. Alguien podría decir que no tiene nada de malo que gasten su dinero, pues es de ellos; el problema es que sus lujos tienen costos que son pagados por el grueso de la población, las llamadas externalidades del modelo capitalista. La contaminación producto de los viajes en avión privado de los millonarios es pagada por la población global. En un mundo sumergido en una profunda crisis climática no existe justificación alguna para que una sola persona pueda contaminar quinientas veces más que un ser humano promedio. Más allá de sus gastos y excesos, el tamaño de la acumulación ha roto el balance de poder, la muestra más reciente de ello es el gabinete de multimillonarios que Donald Trump ha elegido para su segundo mandato. No sólo en Estados Unidos sino en todo el mundo, la población más rica define el rumbo de las naciones, provoca y exige el inicio de guerras que le resulta lucrativas. En resumen, toma el planeta como su campo de juego para expandir cada vez más su riqueza.

El territorio es lo que necesita ser defendido de la voracidad de los ricos. En todas las regiones del mundo podemos ver cómo el capital tiene su ojo fijo en los cerros para la expansión inmobiliaria; en los acuíferos y los ríos para la manufactura de productos; en el aire para verter sus desechos contaminantes, y en las casas que habitamos para convertirlas en alquileres temporales para gente más rica que pague más renta. A Warren Buffett, milmillonario de distintos giros de inversión, se le atribuye la frase: "Sí hay una guerra de clases y la mía va ganando". Más allá de la veracidad de la fuente de la frase, lo que dice no está a debate. Vamos perdiendo.

LA ESPERANZA ES LA REINVENCIÓN

> *Hacer las paces con la Tierra empieza con un*
> *cambio de paradigma de las ideas mecanizadas*
> *de la Tierra como materia muerta a la Tierra*
> *como Gaia: un planeta vivo, nuestra madre.*
>
> VANDANA SHIVA

Mientras escribo este libro han abundado devastadores noticias internacionales: la segunda victoria de Trump, cuatrocientos días de genocidio en Gaza, el nuevo fracaso de una COP, incendios históricos en Los Ángeles y las decisiones de los primeros meses de la nueva administración de Trump, que trajeron un oleaje de incertidumbre en torno a procesos climáticos como el Acuerdo de París y a las relaciones comerciales entre Canadá, México y Estados Unidos. En fin, la idea de escribir sobre esperanza se ha sentido a ratos como una pretensión mayúscula. No obstante, de eso se trata, de replantear qué es lo que se puede hacer en momentos de incertidumbre y crisis.

El punto de partida es asimilar la pérdida, darle su lugar como un cambio que también puede estar cargado de futuro. Es más fácil decirlo que hacerlo, claro, pero el truco es que no tenemos alternativa y el segundo truco es que tenemos que hacerlo juntos. Afortunadamente la historia está llena de personas, poblaciones y movimientos que han resistido fuerzas enormemente complejas y destructivas, y, aunque la escala planetaria que alcanza el cambio climático no es equiparable históricamente, las lecciones están y sirven de guía.

Entre las resistencias de las que podemos aprender está la del movimiento por los derechos civiles de las personas negras en Estados Unidos. Audre Lorde analiza en el ensayo "Aprendiendo de los sesenta" las lecciones de una década en la que los movimientos sociales parecían tener la potencia para erradicar las injusticias que se habían vuelto la norma.[60] La primera clave de Lorde tiene que ver con romper la inercia del individualismo y las innecesarias divisiones entre los movimientos: "Compartimos un interés común, la supervivencia, y no puede perseguirse de manera aislada de los demás simplemente porque sus diferencias nos hacen sentir incómodos".[61] Una vez que hemos establecido que no vamos ganando —aunque me duela incluso escribirlo—, es importante que entendamos también la importancia de no comprar falsas ilusiones. Así podremos comprender la urgencia por articularnos más y mejor. Las viejas divisiones dentro de los movimientos no sólo resultan inútiles, sino que rayan en lo peligroso. No tenemos que caernos bien para entender que necesitamos trabajar juntos si aspiramos a lograr algo.

Volviendo a la comunidad de El Bosque, cuando organizaron la rueda de prensa, me atrevería a decir que las cuatro voceras estaban lejos de ser amigas y supe que había alguna diferencia entre ellas. Sin embargo, al momento de aparecer frente a los medios, se motivaban las unas a la otras y dieron un mensaje potente y de unidad que fue replicado por los medios de comunicación en México y varios países.

Entender que la urgencia está en la activación de cada persona evoca la duda natural: ¿qué puedo hacer yo?, ¿cómo puedo sumar si no soy experto en cambio climático y no estoy equipado para enfrentarme a un sistema entero de opresión? Lorde responde:

Cada uno de nosotros debe observar de manera clara y detenida las particularidades genuinas (condiciones) de su vida y decidir dónde se necesita acción y energía, y dónde puede ser efectiva. El cambio es una responsabilidad inmediata de cada uno,

---

[60] Audre Lorde (1984), *Sister Outsider*, Berkeley, Crossing Press, 2007.
[61] *Idem.*

sin importar dónde o cómo nos encontremos, en el ámbito que elijamos.[62]

Hay una parte que nos corresponde definir personalmente y es la forma en la que vamos a sumar al movimiento o a la resistencia que elijamos. Una de las ventajas más notables que tiene la lucha climática sobre muchas otras es que todo se ve atravesado por el clima, nada ocurre fuera de él, por lo cual los espacios para contribuir son infinitos. Esto también quiere decir que es falsa la idea de que es *sólo* en los espacios de deliberación climática o, peor aún, en los gobiernos de las potencias globales como Estados Unidos y China, donde se puede hacer algo. (Puedes ver el apartado "*¿Qué hemos hecho hasta ahora?*" para repasar por qué ésta es una falsa limitante.) Lo cierto es que la defensa del territorio que tienes afuera de tu casa pesa en la lucha climática, sumar al movimiento digital o al de la calle que busca la cancelación de un megaproyecto tiene un impacto grande. Educar a los jóvenes para que valoren la vida por encima del dinero y crean en el cuidado mutuo es una revolución en sí misma. Maternar y paternar exigiendo que nuestras hijas e hijos tengan la posibilidad de habitar condiciones de vida saludables es también resistencia.

Sumado a la posibilidad de luchar y resistir desde una multiplicidad de frentes y espacios, está la posibilidad de hacerlo de un número de formas igualmente grande. A finales de enero de 2025 más de treinta organizaciones y colectivos organizamos una movilización en defensa del golfo de California y las ballenas que ahí habitan, y en contra del megaproyecto de exportación de gas Saguaro.[63] El evento se llamó Ballena-Fest

---

[62] *Idem.*

[63] El Proyecto Saguaro, también conocido como Saguaro Energía, es un proyecto de la industria fósil de Estados Unidos, en concreto de la compañía Mexico Pacific, que contempla un gasoducto de 800 kilómetros al noroeste de México y una planta de licuefacción de gas fósil en la costa del norte de

y, como su nombre lo indica, consistió en un festival con disfraces de ballenas, carteles con cetáceos y hasta una ballena inflable de cinco metros flotando por el aire. A esa movilización se sumó un gran número de personas con capacidades muy diferentes, muchas de las cuales jamás nos habríamos imaginado que podrían ser clave en una movilización para frenar un proyecto fósil. Entre las y los participantes en el Ballena-Fest puedo recordar las siguientes profesiones: músicos de batucada (trompeta, saxofón, trombón, tambores), raperos, pintacaritas, ilustradoras llevando actividades con niñas y niños, geógrafas, periodistas, niñas y niños aportando sus dibujos y frases en defensa de las ballenas, comunicadores, malabaristas, actores, diseñadoras, abogadas, videógrafos, expertas en redes sociales… La lista se vuelve inabarcable si incluimos a todas las personas que pusieron su energía para que un día el Zócalo de la Ciudad de México se llenara de ballenas y de una fiesta que elevó la exigencia por priorizar la vida por encima de los negocios de las gaseras estadounidenses. Además, esta diversidad hizo que esta manifestación fuera la más colorida y vívida en la que he estado. Nos toca encontrar nuestro trabajo y hacerlo. Nuevamente regreso a Lorde:

> Negarse a participar en la formación de nuestro futuro es rendirse. No te dejes engañar hacia la pasividad, ya sea por una falsa seguridad ("a mí no me afecta") o por la desesperación ("no hay nada que podamos hacer"). Cada uno de nosotros debe encontrar su labor y llevarla a cabo. La militancia ya no significa pistolas al mediodía, si es que alguna vez lo hizo. *Significa*

Sonora. La operación de la planta contaminaría muchas comunidades a su paso y destruiría el golfo de California, transformándolo, de un santuario de vida marina, en una zona de sacrificio para la transportación de gas a Asia, en buques de 300 metros de largo. La principal causa de muerte de las ballenas son las colisiones con grandes buques, de ahí que la campaña se formara alrededor del mensaje de elegir entre ballenas o gas.

trabajar activamente por el cambio, a veces sin la certeza de que el cambio llegará.[64]

Cuando pensamos en la crisis climática sentados en nuestra cama a las tres de la mañana, en la soledad de nuestra habitación y con insomnio, ésta se siente aplastante, imposible de abarcar. Pero esa misma crisis, igual de agobiante y terrible, se percibe de forma diferente cuando la conversamos en espacios de confianza, cuando rebotamos ideas y discutimos en colectivo qué es lo que nos está amenazando y cuál es la manera más inmediata en la que podemos sumar a la resistencia. En ese diálogo colectivo podemos encontrar nuevas definiciones de la esperanza. Delimitando acciones y objetivos en común podemos imaginar cómo se ve la esperanza: en el corto plazo puede ser la consolidación de un colectivo que crea huertos escolares y va creando una red de nuevos agricultores agroecológicos. En el mediano plazo, esta acción puede abrir posibilidades de financiamiento para instalar paneles solares en esas mismas escuelas, incorporando entre los estudiantes el conocimiento sobre nuevas formas de energía que no requieren de combustibles fósiles; el dinero ahorrado en el recibo de la luz puede servir para mejorar los planteles y para propiciar experiencias de intercambio entre estudiantes. A largo plazo, la esperanza puede vislumbrarse en la figura de jóvenes que rechazan seguir participando de un modelo de extracción de carbón en sus comunidades y que crean nuevas maneras de organización y bienestar. Esto que describo ya empezó en la región carbonífera de México, en el estado de Coahuila; el proyecto se llama Sembrando Transición y tiene seis preparatorias con huertos agroecológicos y cuatro de ellas cerrarán el año 2025 con paneles solares. La esperanza se imaginó practicándola.

---

[64] *Idem.*

La esperanza no es la absurda certeza de que todo va a estar bien. No hay nada más desactivante que los intentos de consolación desde los lugares comunes de "Todo pasa por algo" y "Ya verás como todo mejora". No, la esperanza consiste en no rendirse y actuar en consecuencia, pues la desesperanza es una forma de capitulación. El escritor y organizador Yotam Marom lo explica así:

> Elegimos enfrentar nuestra desesperación, caminar hacia ella y, a través de ella, elegimos tomar acción, elegimos construir movimientos. Lo hacemos porque no sabemos cómo terminará, porque existen posibilidades que simplemente no podemos ver desde aquí. Lo hacemos porque cada persona organizada, cada campaña ganada y cada fracción de grado de calentamiento global prevenido salvará vidas.[65]

Además de la sobrevivencia, la esperanza consiste en imaginar, en atrevernos a soñar con otros escenarios planetarios que no son conducidos por Elon Musk, Donald Trump y un minúsculo grupo de narcisistas. La esperanza también es imaginar que en tu cuadra puede surgir un huerto comunitario en el terreno baldío a un par de casas de la tuya; la esperanza es soñar con calles peatonales y también con cerrar refinerías; la esperanza es abrir un café donde la gente se junte a debatir ideas sobre cómo organizarse mejor frente a la voracidad inmobiliaria; la esperanza es comprarle miel a tu amiga apicultora y fermentos a quien le compra sus insumos al campesino agroecológico, que a su vez restaura el suelo que había sido contaminado por décadas de agrotóxicos y que se está organizado para impedir que atraviesen la parcela de su vecino con

---

[65] Yotam Marom, "What Do We Do When the World Is Ending", en: Rebecca Solnit y Thelma Young Lutunatabua, *Not Too Late*, Chicago, Haymarket Books, 2023. [La traducción de la cita es mía.]

un gasoducto. La esperanza es tener un hijo. La reinvención no tiene por qué tener un orden lógico con objetivos SMART y tareas delimitadas en un Excel. A nivel organización esto no estorba y puede ayudar mucho, pero a nivel movimiento necesitamos imitar el caos rizomático que habita en la naturaleza. Lo rizomático es algo que se reproduce por sí solo y que no responde a una centralidad sino a una forma de organización orgánica y replicable. Sólo así podemos imaginar algo lo suficientemente rápido y simultáneo para que se salga de control y supere en expectativas nuestras predicciones y ambiciones más grandes.

En el párrafo de arriba describo la Feria de Productores de Guadalajara, un espacio que, si lo ves con poca atención, parece una simple experiencia de compra y venta de verdura, lácteos y algunos otros productos; pero si atendemos las muchas relaciones que se desdoblan entre las personas que integran la feria, nos daremos cuenta de que provoca muchas más reacciones e impactos, independientemente de si son conscientes de ello o no. En este caso, los procesos de producción de alimentos que rompen con las lógicas del sistema alimentario capitalista abren posibilidades para imaginar otra relación con la tierra de donde obtenemos nuestra comida, otro esquema de valor y precios en el que se paga de forma justa a las y los campesinos y del cual desaparecen los intermediarios que especulan y elevan los precios. Al final, una simple feria de productores es un ejemplo del tipo de comunidad que podemos construir si al centro ponemos los cuidados y no la ciega y voraz acumulación de capital. La esperanza es trabajar para que existan espacios y oportunidades para la reproducción de los actos de cuidado: el cuidado de la tierra, de las niñas y niños y de todas y todos nosotros. Desde ahí volvemos la supervivencia algo más fácil.

Lecciones de una crisis a otra (respuesta al covid-19)

En las charlas que doy sobre la crisis climática menciono la experiencia de la pandemia del covid-19 como una razón para la esperanza. La cara de la gente que me escucha nunca decepciona: después de explicar cómo el nivel del calentamiento de la Tierra está arrojándonos a terrenos de alta incertidumbre, cómo es que la cantidad de CO_2 en la atmósfera está alterando los sistemas de vida más esenciales, remato diciendo que encuentro motivos de esperanza en lo que pasó con el covid-19. La crisis de la pandemia fue un episodio muy duro para todo mundo, para algunas personas la vida cambió para siempre. Sin embargo, en momentos de profunda oscuridad podemos encontrar destellos de inspiración que nos faltan para otros momentos igualmente difíciles o más.

Sin duda podemos recordar las primeras semanas de la pandemia, cuando lo que era el mero rumor de un virus en China se transformó en una realidad en nuestra cotidianidad. Yo estaba con mi hija de un año y medio visitando a sus abuelos; debido a la velocidad con la que se desenvolvieron los eventos, cambiamos el plan de regresarnos en camión y decidimos volar de regreso a casa para llegar más rápido. En el aeropuerto nadie sabía cómo reaccionar, torpemente nos poníamos los cubrebocas que, sin saberlo, serían una extensión de nuestra cara por los próximos años. La menor de las toses hacía que todo el mundo retrocediera con gesto de preocupación y las ganas de mi hija de chupar absolutamente todo, en el aeropuerto y en el avión, estaban a punto de volverme loco.

A las pocas semanas empezaron a circular los mensajes de distintas fuentes internacionales de salud, confirmando que el virus se propagaba por vía respiratoria y era altamente contagioso. Estos comunicados fijaban como principal objetivo de los sistemas de salud de cada país el famoso mantra de "aplanar la curva de contagios". Esto significaba que el mayor esfuerzo que teníamos que hacer era tomar medidas de prevención para no enfermarnos todas las personas al mismo tiempo y, así, no colapsar los sistemas de salud. Esta sencilla indicación se sostuvo a lo largo de los dos años de la contingencia; más tarde llegaron las vacunas y el principio seguía siendo cuidarnos para no contagiar. Es decir: hubo un consenso sobre lo que podíamos hacer y una tarea activa de desarticular las falsas noticias y la desinformación que abundó durante esos dos primeros años. Las autoridades sabían que tenían que salvar la vida de la mayor cantidad de personas posibles, y eso incluía disuadirnos de ingerir cloro o evitar experimentos de contagio masivo para alcanzar la inmunidad de rebaño. La primera lección que nos daba el covid-19 era que, cuando se está en crisis, se necesita claridad en la información.

Las acciones no se limitaron a informarnos sobre cómo cuidarnos y desempeñar esfuerzos individuales como usar cubrebocas y desgraciarnos las manos con cantidades industriales de gel antibacterial. Fuimos capaces de moldear nuestros hábitos y formatos de interacción de forma rápida y permanente. Comercios cerrados, cubrebocas obligatorios, escuelas virtuales, gente en departamentos de Santa Fe cantando "Cielito lindo" por alguna razón. Segunda lección: la pandemia fue horrible, pero nos mostró que existe la posibilidad de llevar a cabo acciones articuladas, con grandes costos, con el objetivo de salvar vidas.

En el caso de la crisis climática, tenemos mucha ciencia disponible, y la tenemos desde hace décadas. Sabemos perfectamente qué está provocando y acelerando la crisis climática, entendemos la multiplicidad de impactos que está provocando y los que provocará en el futuro. Uno de los misterios más grandes y dolorosos para las futuras generaciones será: ¿cómo es que entendiendo tanto hicieron tan poco? Entonces, la tercera lección que debemos aprender de la pandemia es: si entendemos algo, actuemos en consecuencia.

El covid-19 derrumbó muchos de los mitos y argumentos que los defensores del modelo económico esgrimen cuando proponemos modificar nuestra economía y la forma en la que nos relacionamos con nuestro entorno:

- Hubo posibilidad de accionar de manera articulada, incluso a escala global.
- La economía capitalista puede ser reemplazada por redes de cuidado.
- Podemos hacer cambios individuales drásticos con tal de cuidar los unos de los otros.
- Estamos dispuestos a asumir grandes costos como sociedad.

La última lección que nos dejó la pandemia es que las decisiones a destiempo cuestan vidas.

La crisis climática como una crisis de imaginación

Hay una calle cerca de mi casa en la que se alcanza a escuchar cómo corre el agua potable por debajo del pavimento. La escucho cuando paso por ahí en bicicleta: son apenas unas fracciones de segundo en las que alcanzo a percibir claramente, si no hay ruido de autos, un río caudaloso a escasos centímetros bajo el suelo. Ese sonido desata mi imaginación, me pongo a pensar cómo serían nuestras ciudades si en lugar de mandar el agua por tuberías subterráneas ésta corriera libremente por canales a un lado de las banquetas. Esto implicaría que no hubiera autos, lo que liberaría muchísimo espacio en nuestras calles, podríamos llenarlas de árboles frutales, y los espacios ocupados por estacionamientos podrían destinarse a huertos urbanos con áreas de juego y de encuentro para vecinas y vecinos. Para llegar a donde tuviéramos que ir podría haber tranvías y ciclovías, que ocuparían sólo una fracción de lo que hoy toman los coches. Tendríamos que pensar mejor las razones para trasladarnos y haríamos las paces con ir más lento y quizá menos lejos. Puedo seguir, me fascina liberar esas ideas reprimidas de otros mundos posibles: mismas calles, casas y personas, la misma agua potable corriendo, pero otras prioridades.

Nos cuesta imaginar otra cosa que no sea la condena en la que nos encontramos y si hemos de superar esta dura prueba tenemos que ser capaces de imaginar otro destino para nuestras vidas. No es una tarea fácil dada la dependencia que tienen muchas de nuestras aspiraciones al modelo fósil que nos está destruyendo. Los sueños fosilizados de los que hablaba Yásnaya constituyen la conquista más peligrosa del modelo capitalista.

Los combustibles fósiles representaron para la humanidad una fuente de energía con mucha más densidad que cualquier otra que conociéramos antes. Es decir, la energía y el calor que daba la madera a las primeras civilizaciones era muy poca como para imaginar viajes en avión o para mover grandes máquinas. El carbón, el petróleo y el gas permitieron acceder a energía que tenía millones de años acumulándose en el subsuelo: la energía del sol, atrapada en forma de plancton fosilizado en el subsuelo. El resultado fue que de pronto podíamos mover y hacer muchas más cosas que las que se habrían podido imaginar antes de la era moderna. En un chispazo de tiempo la tecnología ha permitido alcanzar hitos sorprendentes, desde volar hasta llegar a la Luna o construir máquinas capaces de transformar el paisaje de forma irremediable.

Así, nos acostumbramos a soñar en velocidad fósil. Cuando nos preguntan por nuestros sueños o metas en la vida solemos responder dando los ejemplos de vida y de lujo que nos imponen o nos contagian las cuentas de Instagram que seguimos, o pensamos en tener casas de verano, autos, ropa, experiencias ligadas al tener para ser. No está mal querer viajar, los seres humanos lo hemos hecho toda la vida, y muchas veces sin tener una razón necesariamente clara para hacerlo. (La periodista estadounidense Elizabeth Kolbert le llama a esta propensión a viajar el Gen Loco, una codificación de nuestro ser que llevó a ciertos humanos a subirse en una balsa y navegar sin tener una idea clara de a dónde llegarían o si es que llegarían a algún lado.) El problema es cómo nos imaginamos cumpliendo esos deseos y el hecho de que la industria utilice nuestros deseos de descanso, de experiencia, de vidas significativas y bien valoradas en nuestra contra, convirtiéndolos en un lastre que nos obliga a aceptar el triste pero aparentemente inevitable destino de condenar la vida de las futuras generaciones y el planeta entero.

La tarea de imaginar otros mundos posibles requiere también que tengamos la generosidad y la paciencia de no atacarnos unos a otros por no estar viviendo en esos mundos todavía. Es decir, seguiremos recurriendo a formas de consumo y convivencia que conservan la huella fósil hasta que puedan nacer esos otros mundos. La tarea de volver a imaginar nos liberará de los deseos procesados que nos imponen por distintos medios aquellos que lucran con nuestros miedos e inseguridades y eso es emocionante. Para ayudarnos a imaginar podemos voltear a ver los espacios donde la vida resiste. Paradójicamente, también el pasado puede ser un manantial de ideas para imaginar el futuro.

La imaginación es contagiosa, ayuda a caminar en un momento en el que nos quieren convencer de que lo único posible es aceptar el colapso y un destino que han elegido por y para nosotros. Pero no sólo es posible sobrevivir, sino que podemos luchar por un mundo más justo y en el que nos dediquemos a restaurar y sanar nuestros ecosistemas. A este respecto, George Monbiot habla del Síndrome de la Línea Base, para describir esa propensión a acostumbrarnos o a normalizar una situación que antes veíamos como problemática. Por ejemplo, cuando vemos una naturaleza degradada y definimos, a partir de ese estado ya impactado, lo que es deseable conservar o a lo que es posible aspirar. En su recuento, Monbiot describe ríos en Inglaterra que en ciertas épocas del año se veían negros por la cantidad de anguilas que en ellos nadaban, o campos que se tornaban blancos, como si estuvieran nevados, por los hongos que lo cubrían todo. Pero el Síndrome de la Línea Base nos ha hecho olvidar que el estado natural de nuestro planeta es la abundancia de vida, lo normal debería ser que fuéramos al mar y no dejáramos de ver delfines, tortugas, ballenas, mantarrayas gigantes y todo tipo de peces. La idea puede resultar triste o frustrante, pero es cierta, nuestro planeta puede, incluso hoy, sostener mucha más vida de la que le estamos permitiendo, y desde esa poderosa verdad podemos empezar a imaginar un futuro mejor que el que nos quieren vender con estupideces como robots y viajes a Marte.

Solía detestar que mi padre recurriera a sus memorias para repasarnos a mí y a mis hermanos todo lo que no nos tocó vivir: desde los recorridos en bicicleta por toda la Ciudad de México a sus escasos doce años o el recuerdo de los bosques que rodeaban la ciudad y que estaban llenos de vida. Hoy me doy cuenta de que no era la memoria misma lo que me disgustaba sino la condena con la que remataba la anécdota: "Eso a ustedes ya no les tocó". Lo decía como si deliberadamente hubiéramos llegado tarde. "Hubieras venido antes, te habrían encantado los glaciares en los volcanes; hubieras visto qué bonitas las tortugas que llegaban antes de que construyeran las casas de verano y los hoteles en las dunas de la playa". La memoria recuperada como posibilidad de futuro es emocionante: restregada como la fatalidad de lo perdido es angustiante.

La reconquista de nuestros sueños servirá para liberarnos del embrujo de la mercadotecnia y la manipulación de nuestros deseos. Hay que hablar de lo que podemos recuperar y fijarlo como un horizonte lejano y emocionante que nos obligue a caminar no sólo porque no hay de otra, sino porque queremos llegar.

3

COMUNICAR, ORGANIZAR, ACCIONAR, ¿GANAR?

Todas las razones están reunidas,
pero no son las razones las que hacen
las revoluciones; son los cuerpos.

COMITÉ INVISIBLE

Después de cada nuevo desastre climático nunca falta el comentario en redes sociales que sentencia: "A ver si así ya toman acción frente a la crisis climática". Es un deseo de cambio casi automático, que se presenta como acto reflejo, pero tiene poco sustento. Los cambios sociales nunca son inevitables; es decir, los grandes cambios que hemos tenido como sociedad han llegado gracias a que han sido impulsados, no porque ya tocaba que pasaran. Resulta difícil asimilar esta idea, pero para convencernos está el recuento de desastres climáticos que se acumulan, con sus estratosféricos costos económicos y terroríficos en pérdidas humanas, y, sin embargo, las políticas siguen siendo las mismas. Un ejemplo de esta peligrosa pasividad es el hecho de que en octubre de 2024, en los días posteriores a que dos huracanes que habían alcanzado la categoría 5 azotaran la misma zona de Florida en poco más de dos semanas —algo sin precedentes desde que se tiene registro de los huracanes—, el gobernador de este estado dio la orden de borrar de todos los sitios oficiales del gobierno cualquier mención a la crisis climática. No hay desastre climático lo suficientemente grande que mueva las ideas que se formaron fuera de la razón.

Para lograr las reformas constitucionales que derogaron las leyes que permitían la segregación de las personas negras en Estados Unidos, la estrategia no fue simplemente esperar a que la situación fuera tan mala como para que algo cambiara. No, la estrategia fue provocar el cambio. Luchadoras sociales como Rosa Parks rompieron las normas injustas que garantizaban que nada cambiara. Martin Luther King Jr., quien hoy es un respetado referente para todo el espectro ideológico de Estados Unidos, era considerado como enemigo de la nación en las listas del FBI. Malcolm X, quien es borrado deliberadamente de la historia oficial del movimiento por los derechos civiles, agitaba a la población negra con su discurso y su llamado a la legítima defensa. Miles de personas se manifestaron, bloquearon calles, marcharon, fueron golpeados, golpearon de vuelta, resistieron y volvieron insostenible el *statu quo*, es decir, llevaron la situación al punto donde lo imposible era que nada cambiara.

Asimismo, las sufragistas y las feministas de la primera ola, en México y muchas partes del mundo, provocaron el cambio que querían alcanzar. Erradamente nos enseñan en las clases de historia que fue el presidente Miguel Alemán quien "dio" el voto a las mujeres. Nada más absurdo que pensar que un buen día un hombre se levantó de su cama con ganas de que las mujeres votaran. Nadie le regaló el voto a las mujeres, ellas lo pelearon y lo ganaron en las calles, lo pidieron a gritos en las reuniones de gobierno y lo exigieron en pintas en las paredes. En una lucha social, lo último que ocurre es que el objetivo de la movilización se convierta en ley. El proceso de cambio tiene muchos más pasos y la ley nunca es la meta definitiva; a fin de cuentas, si se pierde el apoyo y la razón del cambio, las leyes se borran, se cambian. El cambio tiene muchos rostros que la historia suele simplificar y concentrar en un puñado de figuras que se convierten en un recuerdo distorsionado que esconde el poder que tenemos cuando nos organizamos y accionamos. En México y en todas partes, las mujeres protestaron y fueron ridiculizadas, encarceladas por la policía, criticadas en los medios, condenadas por la Iglesia, y, finalmente, cuando no hubo más opción, fueron escuchadas.

Nuestra lucha por la vida será igual. No llegarán los cambios en las políticas *porque ya tocaba*, porque ahora sí estuvo grave la sequía o porque el huracán fue nuevamente histórico. Además de que vamos creando resistencia a las noticias y nuestro umbral de sorpresa e indignación se va recorriendo, por sí solas las noticias son insuficientes. Ya era grave la violencia contra la población negra en Estados Unidos décadas antes del movimiento por los derechos civiles; ya era una vergüenza al descubierto que las mujeres fueran ciudadanas de segunda clase antes de que obtuvieran el voto, no fue la gravedad de la situación lo que arrancó el cambio, fue la gente organizada, enojada, determinada, ruidosa, inoportuna, incómoda, creativa, desafiante y convencida de que la vida, su vida, no podía seguir igual. Esperar a que las cosas simplemente cambien porque ya toca no es esperanza, es pensamiento mágico.

De igual forma, el Estado y sus leyes no pueden ser el parámetro del éxito. El objetivo no es cambiar la ley, esto es insuficiente, esto le da vida al modelo de opresión. Han pasado casi sesenta años desde el asesinato de Martin Luther King Jr. y hoy ese mismo gobierno lo volvería a matar. Necesitamos imaginar el cambio que necesitamos más allá del sistema que sólo nos reconoce como sujetos de derecho cuando jugamos su juego.

NOS JODIERON LOS MAD MEN

> *Ellos creen que si la gente posee suficientes*
> *cosas estarán tranquilos de vivir en una prisión.*
> *Pero yo no quiero creer eso. Yo quiero*
> *derribar los muros.*
>
> URSULA K. LE GUIN[66]

Se juega un partido molero entre dos equipos que se encuentran en los últimos lugares de la tabla del torneo de primera división de la Liga Mexicana de futbol. Ninguno de los dos tiene posibilidades de aspirar a nada, ni siquiera al descenso, porque no lo hay en esta liga debido a su nivel de corrupción, pero ése es asunto de otro libro. En las vallas publicitarias electrónicas de pronto aparece la palabra Aramco; dura unos cuantos segundos y desaparece. Volverá a aparecer varias veces más a lo largo de un insufrible cero a cero, en el que todos los espectadores se convencen de que también podrían ser jugadores profesionales de futbol y jugar para un equipo mediocre. Aramco es una petrolera de Arabia Saudita que se anuncia en un país en el que no tiene negocios, no te dice qué comprar y quizá la mayoría de los espectadores del horrible partido ni siquiera se percató de que ahora ya tiene una sensación de familiaridad, aunque sea inconsciente, con la empresa más contaminante de todo el mundo.

La mercadotecnia tiene una historia profunda y bien trenzada con los combustibles fósiles. En los años sesenta, abundaron los despachos de mercadotecnia en los rascacielos de Nueva York; constituían una nueva élite del mundo corporativo y su trabajo era la creatividad, convertir frases, ideas y diseños en el corazón que bombea el consumo en Estados Unidos

---

[66] Si sólo vas a leer un libro más en tu vida, suelta éste que tienes en tus manos y corre por *Los desposeídos* de Ursula K. Le Guin.

y en el planeta entero. Estos nuevos capitanes del *marketing* construyeron su estrategia sobre los principios de la propaganda que jugó un rol esencial en la Segunda Guerra Mundial y crearon campos de batalla inéditos, para moldear las ideas que ahora tenemos sobre cada aspecto de nuestras vidas. Inventaron estereotipos del éxito y del deseo: el auto deportivo, la casa grande con jardín y alberca, electrodomésticos para cada tarea imaginable, la esposa perfecta, los cigarros que dan elegancia y sofisticación: el "desarrollo". En fin, la mercadotecnia se volvió un requisito esencial de toda industria para inducir el deseo de consumo y hacernos pensar cosas ilógicas, como que la felicidad se puede destapar o que somos equivalentes a un vaquero solitario si fumamos cierta marca de cigarros.

La mercadotecnia ha jugado un papel fundamental para llevarnos hasta este punto de desastre climático. No es posible explicar el riesgo que corremos a escala planetaria sin la complicidad de los mercenarios de las agencias de comunicación. A la fecha siguen jugando un rol fundamental en promover el consumo exacerbado de combustibles fósiles, bloquear la acción por el clima y convencer a la población de que nuestra seguridad depende de que podamos seguir quemando gas y petróleo; se trata de una forma de ingeniería social. En el apartado de "Desinformación climática" ya comenté la estrategia de confusión que implementaron desde la industria fósil en los años setenta; su misión fue "sembrar una duda razonable" con respecto a lo que señalaba la ciencia. Más allá de buscar desmentir o negar lo que para todo el mundo empezaba a ser evidente, los llamados Mad Men implementaron las mismas estrategias que retrasaron la legislación contra el tabaco contra la conversación climática. Entonces, así como en algún momento tuvimos esas imágenes bizarras de doctores en bata blanca recomendando cigarros Camel o mujeres embarazadas con un cigarro en la mano, ahora tenemos *think tanks* de pseudoespecialistas que afirman que el gas fósil es un combustible de transición o que una refinería puede ayudar a reducir emisiones contaminantes.

Seguimos pagando los estragos de esas eficaces estrategias de comunicación. Primero lograron condicionar nuestros deseos y nuestros miedos; la fosilización de nuestros imaginarios se convirtió en la tarea de esta joven industria. Se dieron a la tarea de diseñar un estereotipo de vida que dependía por completo de los combustibles fósiles, de tal forma que nos resultan esenciales en este punto. En el Super Bowl de 2021 hubo un comercial de medio tiempo —esa nefasta tradición que supone el éxito de todo mercadólogo— en el que se ve gente haciendo actividades cotidianas como usar su celular, peinarse el pelo, ponerse pupilentes o caminar por la calle.[67] Al momento que hacen estas actividades las cosas empiezan a desaparecer, el teléfono se disuelve al igual que los tenis; una voz te invita a que imagines un mundo sin gas y petróleo, mientras la pareja protagonista del comercial ve su cita arruinada porque el auto se queda sin llantas y desaparece mucho de lo que había a su alrededor. El comercial es muy útil en mostrar el enorme problema en el que nos encontramos. La industria fósil ha sido muy efectiva para colarse en todos los aspectos de nuestras vidas. Volverse indispensable es su mejor estrategia.

Las estrategias y los medios por los que han hecho esta tarea son inagotables; el nivel de penetración cultural que pueden alcanzar merece algunos ejemplos. La industria ha comprado temáticas y tramas de películas de dibujos animados. Esto es poco si consideramos, como lo ha documentado la periodista Amy Westervelt, que la industria también diseña programas pedagógicos para docentes de primaria. Luego los regala sabiendo que las maestras y maestros están agotados y exigidos al máximo, y lo ha hecho en todos los niveles escolares para

---

[67] El video está disponible en el canal de Vimeo de Amy Westervelt: https://vimeo.com/857015552

que a nuestras niñas y niños se les hable de los combustibles fósiles como una parte indisociable de la vida.[68] Otro ejemplo que muestra los sutiles que pueden ser estos mensajes es la estrategia que tuvieron las empresas de gas para contratar a chefs prestigiosos que salieran a defender la cocción con alimentos en estufas de gas; argumentaban que era un principio de tradición y que daba mejores resultados. Esto lo hicieron luego de que un estudio diera a conocer la enorme contaminación y daños a la salud que provoca quemar gas fósil en nuestras cocinas todos los días.[69]

Hoy, la manipulación de mensajes y deseos ocurre de formas cada vez más sutiles y encubiertas para burlar las resistencias que hemos creado a lo que tiene apariencia de anuncio de televisión. La mercadotecnia funciona porque nos mueve desde nuestras emociones, su papel se resume en encontrar conexiones neuronales que tenemos trabajadas y redireccionarlas hacia algún producto o idea que le beneficie a esa industria. Así, pueden jugar con nuestro deseo sexual para vendernos un desodorante con olor a chocolate, o con nuestro miedo a lo diferente para vendernos un candidato antiinmigración. Con estas mismas fórmulas han asociado los combustibles fósiles con ideas de soberanía energética y seguridad nacional. O con la idea de libertad, al presentarte la imagen de una persona joven que maneja un auto —quemando gasolina— en una carretera costera o en una aventura en un viaje a algún lugar exótico

---

[68] Amy Westervelt es una de las influencias más grandes en mi vida profesional, su podcast *Drilled* es la documentación más completa que conozco sobre la industria fósil. En este párrafo hago referencia a su serie "El ABC de la industria petrolera" disponible en este link: https://open.spotify.com/episode/5w1tOnPzpLwwoERJdI0xzO?si=56ef44ae05004394

[69] Yannai S. Kashtan, Metta Nicholson, *et al.*, "Gas and Propane Combustion from Stoves Emits Benzene and Increases Indoor Air Pollution Environ", *Environmental Science & Technology*, vol. 57, núm. 26, julio de 2023. Disponible en: https://doi.org/10.1021/acs.est.2c09289

y lejano. También pueden hacer que pienses en calor y confort navideño, al venderte un sistema de calefacción —alimentado por gas fósil— o un horno para hacer galletas. Nuestros deseos pueden ser naturales o provenir de lugares comunes; sin embargo, la asociación entre estos deseos y ciertos bienes o productos la han logrado a partir de la repetición y la polarización.

Los Mad Men de hoy, a diferencia de Don Draper, ya no se conforman con el dinero y el prestigio que da la fama. Ahora llevan sus aspiraciones al terreno de la política, ampliando las posibilidades de control e injerencia creando contextos políticos capaces de polarizar y confundir al público. En sus artículos sobre la petroganda (propaganda del petróleo), Amy Westervelt explica la manera en la que la industria del gas y petróleo de Estados Unidos ha utilizado la invasión de Rusia a Ucrania para presentarse como la salvación de Europa.[70] La piedra de toque de esta guerra es la dependencia energética que Europa tiene del gas ruso, y la industria fósil de Estados Unidos, nada lenta, ya levantó la mano y soltó a sus perros de publicidad para asegurar la mejor tajada del conflicto.

La mercadotecnia, con todo su arsenal de narrativas atractivas y estrategias de desinformación, siempre representará una amenaza al pensamiento crítico. Busca movernos a partir de nuestras vulnerabilidades, filtrarse de forma sutil en nuestro inconsciente y colar sus mensajes para que los usemos para interpretar la realidad. Esto lo pueden hacer a través de las noticias que consumimos, de cuentas en redes sociales o del discurso de una plataforma política. Independientemente del medio del que se trate, es importante deconstruir el conflicto más allá de lo que nos proponen observar. Por ejemplo, en el caso de la invasión rusa a Ucrania, si sólo escuchamos la

---

[70] Amy Westervelt, "Petroganda: The Original Narrative—Energy Security", *Drilled*, 2023. Disponible en: https://drilled.media/news/petroganda-01

versión del Instituto Americano del Petróleo (API), enviar gas de Estados Unidos a Europa parece una buena alternativa para disminuir el poder y control de Rusia. Pero no tiene sentido si consideramos que construir la infraestructura para enviar ese gas toma entre tres y cinco años, y las alternativas como la reducción de energía o el desarrollo de energía renovable con costos más bajos no fueron parte de la discusión.

La industria fósil y sus mercadólogos nos han mentido por décadas, su único objetivo ha sido garantizar por el mayor tiempo posible las condiciones que los vuelven una industria indispensable. Sus directores y consejeros han sido y seguirán ignorando deliberadamente la ciencia o usándola a su modo, seguirán gastando miles de millones de dólares en comprar políticos y propagar desinformación.[71] Es nuestro trabajo fortalecer las narrativas que desactivan la eficiencia de sus mentiras, volviendo absurdo defender la extracción de más combustibles fósiles en un planeta agonizante. Si conseguimos esto perderán la licencia social que hoy les permite seguir vendiéndonos una nueva termoeléctrica de gas como una buena noticia o una refinería como algo necesario para quemar más gasolina.

Cuestionar la fuente de la información que consumimos, la alineación política de los dueños de los medios de comunicación (con el genocidio en Gaza la cobardía e hipocresía de muchos quedó al descubierto) o la razón por la que mi *influencer* de viajes favorito está de pronto promocionando una gasolina "amigable" con el planeta son buenas maneras de desactivar los múltiples intentos de manipulación que vivimos todos los días.

---

[71] Amy Westervelt ha realizado un trabajo excepcional en la identificación de la desinformación de la industria fósil y lo ha plasmado en una guía que deconstruye los principales argumentos que usan y los conceptos que popularizan para esconder su impacto y engañar con supuestas medidas de sustentabilidad. La guía de desinformación climática 2024 está disponible en: https://drilled.media/news/disinfo-2024

Pero más allá de esto, colectivizar nuestro proceso de reflexión es fundamental. Uno de los impactos de la individualización provocada por el capitalismo es que hemos perdido los espacios para la confluencia y la discusión de ideas; el antídoto es encontrarnos para dialogar, recuperar el músculo de la discusión sin llegar a rompernos, construir desde las coincidencias esenciales y evitar separarnos por las diferencias irrelevantes. Como dice Lorde: "Compartimos un interés común, la sobrevivencia, y no puede ser buscada en aislamiento de otros simplemente porque sus diferencias nos hacen sentir incómodos".[72]

Hay una batalla en el terreno de la comunicación, su lado —el del capital, el de la industria de los combustibles fósiles— cuenta con miles de millones de dólares y el respaldo de una clase económica que no está dispuesta a perder sus privilegios. De cualquier manera, a partir de la organización de estudiantes, trabajadores, artistas de todas las disciplinas, desde los bares y los cafés, la gente ha logrado los cambios a los que la élite se resistía. Tenemos que ganar la lucha de la conversación para desenmascarar las mentiras que han permitido la situación en la que estamos. Sólo podemos ganar la lucha de la comunicación si empezamos a reconocer que estamos metidos en ella.

Ganamos en la ciencia, perdemos en la política

El periodista estadounidense David Wallace-Wells expone en su libro *El planeta inhóspito* por qué nuestra tarea de ganar en la política es de sobra complicada: "Nadie quiere ver venir el desastre, pero quienes miran, lo ven. La ciencia del clima ha llegado a esta aterradora conclusión no de manera casual, ni

---

[72] Audre Lorde (1984), "Learning from the 60s", *Sister Outsider*, Berkeley, Crossing Press, 2007.

con alegría, sino descartando sistemáticamente todas las explicaciones alternativas para el calentamiento observado".[73]

El conocimiento de los pueblos indígenas lo ha dicho durante siglos: no se puede seguir con la vida acabando con sus sustentos. La ciencia del clima respalda esta sabiduría y es concluyente. No es necesario seguir validando la existencia de una crisis climática y el alcance de sus impactos. Como lo dije en el primer capítulo, quien te quiera convencer de una falta de consenso científico a este respecto te está mintiendo o está severamente desinformado. La primera investigación que identificó el potencial calentamiento del planeta por una mayor concentración de CO_2 en la atmósfera se publicó en 1856[74] y la realizó Eunice Foote, una científica, inventora y defensora de los derechos de las mujeres, que llegó a esta conclusión tras realizar experimentos. Cuarenta años después, Svante Arrhenius amplió la idea, y así podríamos recorrer más de 150 años de ciencia que no deja dudas al respecto de lo que nos está aconteciendo. Hoy en día buena parte del trabajo climático se centra en comprender los distintos tipos de afectación que podemos esperar a distintas temperaturas o la forma en la que podemos mitigar el daño que ya hemos provocado. La pregunta que queda por responder es: ¿por qué si entendemos tanto avanzamos tan poco?

Desgraciadamente no se trata de tener la razón y proveer la información a los llamados "tomadores de decisiones"; el problema se ha vuelto un poco más complejo que esto. Si por décadas hemos entendido lo que nos está pasando como planeta y aun así seguimos obstinados en la trayectoria de desastre,

---

[73] David Wallace-Wells, *The Uninhabitable Earth. Life After Warming*, Nueva York, Tim Duggan Books, 2019. [La traducción de la cita es mía.]

[74] Amara Huddleston, "Happy 200th birthday to Eunice Foote, hidden climate science pioneer", *NOAA Climate.gov*, 17 de julio de 2019. Disponible en: https://www.climate.gov/news-features/features/happy-200th-birth-day-eunice-foote-hidden-climate-science-pioneer

es momento de cambiar la estrategia, entender que no es con un reporte más que los líderes del mundo se van a convencer de actuar radicalmente. Fue un error pensar que la acción climática era una conversación que se debía tener por fuera de la política.[75] Esto nos hizo creer que era una simple cuestión de voluntades, que todas las personas sentadas a la mesa de negociaciones internacionales o en los comités climáticos de cada país (si es que existe tal cosa) tenían la mejor intención de proteger a la población, el futuro de toda la humanidad o, al menos, el de sus propios hijos e hijas. La verdad es que sus voluntades siempre estuvieron compradas, siempre se debieron a alguna agenda, a alguna industria o alguna idea de progreso que aprendieron en los setenta y, no contentos con esto, contaminaron la búsqueda de alternativas maquillando de verde el mismo "desarrollo". El segundo error fue creer que la política se limitaba a los espacios gubernamentales o electorales. Eso nos ha cerrado la puerta para incidir en nuestro futuro, limitándonos a un microuniverso que resulta imposible de proteger en las esferas políticas de nuestra ciudad, región, país y mundo. No porque no quieras hablar de la lluvia te va a dejar de mojar.

"La verdadera mentira no es aquella que se cuenta a los otros, sino la que se cuenta uno a sí mismo".[76] Esta frase del Comité Invisible define la gran tarea que tenemos delante: no basta con tener la razón y mostrarla, primero hay que desenraizar la mentira que nos han sembrado y cultivado. En tiempos de la posverdad, debemos devolverle su peso y valor a la palabra. Antes había discursos que agitaban una revuelta o frases que eran lo suficientemente desafortunadas como para obligar a un presidente a renunciar; pero esos tiempos se acabaron. Todo mundo ostenta "otros datos" o redibuja la realidad a su antojo. Nos

---

[75] Me refiero a una definición amplia de la política, no la política electoral o la que es acotada por el Estado.

[76] Comité Invisible, *Ahora*, Logroño, Pepitas, 2017.

toca organizarnos más allá de contar la crisis que nos atraviesa, necesitamos una comunicación que nos permita reinterpretarnos y sacudirnos los lastres de ideologías económicas suicidas. No está fácil, pero eso no es lo mismo que imposible.

Como toda película de zombis, el problema empieza con un político o empresario ignorando las sensibles advertencias de un científico o científica. El político o empresario decide que es más inteligente que la persona en bata blanca, se aferra a su visión del mundo y se carga a medio mundo, regalándonos dos horas de balazos y suspenso. De cierta forma, en la realidad ya pasamos esa parte de la película; antes hubo una importante historia de origen llena de colonialismo y violencia. Pero en la película de los últimos diez años ya tuvimos la abierta oposición de la comunidad científica a las decisiones climáticas; desde 2021 se estableció la llamada Rebelión de los Científicos y, como su nombre permite imaginarlo, ésta consiste en científicas y científicos del clima que participan en las principales protestas climáticas alrededor del mundo. Peter Kalmus, científico climático de la NASA, explicó en una entrevista que sintió que su trabajo en los laboratorios se había vuelto secundario frente a la necesidad de protestar e involucrarse en actos de desobediencia civil. Ahora deberíamos pasar al segundo acto de nuestra película de la vida real, cuando la misma comunidad científica se dé cuenta de que ha sido cómplice por demasiado tiempo de este modelo. En los reportes que estiman el impacto y consecuencias de la crisis climática —los reportes del IPCC— hay una confianza ciega en una tecnología que, aunque no existe,[77] nos ayudará a absorber CO_2 de la atmósfera de vuelta al subsuelo. Esto ha permitido fijar metas cómodas de descarbonización para las industrias.

---

[77] La tecnología de captura y secuestro de carbono no existe en la escala que supondría una verdadera mitigación al CO_2. Especular con su potencial futuro es una trampa para aceptar más emisiones.

¿Qué podemos hacer ante esta batalla de comunicación? Lo primero es comprender que todo acto de comunicación que realicemos debe estar pensado como un acto de articulación. Comunicar es insuficiente, no importa la viralidad, no importa que tengamos razón; quienes gobiernan y quienes tienen todo el poder lo han obtenido a base de mentiras. Nuestro llamado a la verdad debe construir resistencia forzosamente, es decir, debe ser un llamado a defender lo cercano, lo tangible, lo que amamos de nuestra vida. Y eso es hacer política. Ya sea que estemos planeando la realización de un evento universitario, una charla climática, un podcast, un documental, una marcha o un cómic, la finalidad debe ser incrementar nuestras posibilidades de organización y de impacto. Eso significa no sólo dar nuestra versión de lo que está ocurriendo, sino buscar que sea útil para ampliar la resistencia. Para ello hay que considerar que en el terreno en el que pretendemos comunicar no somos los primeros ni seremos los últimos en hablar, y ni siquiera los más ruidosos. Ahí estarán los discursos y las tácticas de la industria fósil para confundir, para invalidarnos y retrasar las acciones que buscamos.

En otro gran artículo de Amy Westervelt, en coautoría con Kyle Pope, para *The Guardian*, puede leerse una lista de las tácticas y narrativas que usa la industria de los combustibles fósiles para desinformar.[78] Vale la pena sintetizarlas para que las tengamos en cuenta al momento de dar esta batalla por la comunicación:

1. *Seguridad energética*. En el momento en el que la industria saca esta carta pareciera que los demás argumentos pasan

---

[78] Amy Westervelt y Kyle Pope, "How to spot five of the fossil fuel industry's biggest disinformation tactics", *The Guardian*, 14 de abril de 2024. Disponible en: https://www.theguardian.com/us-news/2024/apr/14/climate-disinformation-explainer

automáticamente a un segundo plano. Si concedemos que la seguridad de un país está en juego, es irrelevante qué tanto contamina la industria o cuánto cuesta exportar el combustible. Por ello es esencial no comprar la idea de que los combustibles fósiles son la fuente única de seguridad. De hecho, en algunos países representan una vulnerabilidad. El caso de México es muy claro: nuestro país produce 60% de su electricidad con gas fósil y 90% del gas que consumimos proviene de Estados Unidos. Esto quiere decir que estamos a un cambio de humor o una nueva batalla de aranceles de ver nuestra energía comprometida. Sumaría al concepto de seguridad energética cualquier otro tipo de seguridad que nos quieran promover (climática, social o económica), la securitización sigue el mismo camino de imponer condiciones a través del miedo y el control.

2. *La economía contra el ambiente.* Todo ambientalista se ha enfrentado a este argumento; la dicotomía te pone en una posición indefendible frente a comunidades que necesitan mejores ingresos o que piden empleos. Pero la realidad es que los combustibles fósiles no traen prosperidad a las regiones en las que se extraen o se refinan; es cuestión de ver cuál ha sido el legado de la extracción de carbón en Coahuila o en Colombia, o de petróleo en la costa de Tabasco. Las industrias fósiles matan las economías locales con su contaminación. Los agricultores de Comalcalco, Tabasco, en el Golfo de México, ya no pueden sembrar coco, cacao o cítricos; la lluvia ácida que provoca la quema de gas en las instalaciones de petróleo mata sus cultivos o daña el fruto. En las costas de Luisiana, desde donde se exporta gas a Europa después de licuarlo, la industria de la pesca ha desaparecido prácticamente. La que alguna vez fue conocida como la capital camaronera de Estados Unidos hoy no existe más. Los combustibles fósiles son una buena noticia para la economía de los altos ejecutivos y

para los inversionistas que jamás conocerán el horror de vivir al lado de un mechero.

3. *"Hacemos tu vida funcionar"*. Voltear a ver la enorme dependencia que tienen nuestras sociedades de los combustibles fósiles y el modelo de consumo que propiciaron pareciera un argumento ganador: "No hay de otra, los necesitamos". Pero si analizamos en la gran escala de tiempo —la de la presencia de la humanidad en la Tierra— cuántos años hemos necesitado los productos con los que nos amenazan, nos daremos cuenta de que en su gran mayoría tienen menos de cien años. Para muchos de ellos ya hay alternativas y para los que no —los retos mayores— su erradicación es parte de lo que nos debe emocionar, por ejemplo, los autos.

Una parte importante de nuestra dificultad para imaginar otros escenarios nos viene de la publicidad. Pero cuando soñamos con nuestras ciudades sin autos, con transporte público suficiente y de calidad, que llega a tiempo, con horarios sensatos, no orientado como negocio sino como un bien público, entonces la amenaza de la industria fósil deja de serlo y se convierte en una gran oferta: ¡qué felicidad dejar de manejar durante horas en el tráfico y poder leer en mis trayectos en transporte de calidad!, ¡qué bien despedirnos del *fast fashion* y de la ropa hecha con textiles sintéticos! O para acabar rápido: ¡qué dicha vivir sin microplásticos en los testículos![79]

4. *"Somos parte de la solución"*. Yo confío en que en el futuro la industria fósil será sentada en el banquillo de los acusados por sus crímenes contra la humanidad. Se han comportado como criminales transgeneracionales, es decir, han logrado atentar

---

[79] Un estudio de 2024 comprobó la presencia generalizada de microplásticos en los testículos. Aquí está la nota: https://www.elmundo.es/ciencia-y-salud/salud/2024/05/21/664c77f9e9cf4a773b8b459c.html

contra personas que ni siquiera habitan todavía este planeta. Han cometido sus crímenes con conciencia de lo que está ocurriendo y han dedicado todos sus esfuerzos a evitar políticas que mitiguen el daño que provocan. Por todo esto, NO PUEDEN ESTAR SENTADOS A LA MESA DE LAS SOLUCIONES. No tiene sentido que les dejemos la tarea de corregir el desastre que ellos mismos provocaron. Desgraciadamente espacios como la COP y las discusiones sobre regulación de plásticos, entre muchos otros, han estado cooptados por la presencia de la industria, prueba de ello es la falta de avances que padecemos en todas las agendas urgentes para hacer frente a la crisis climática.

5. *"El mejor vecino del mundo"*. Como la publicidad en los estadios de futbol y en la televisión no es suficiente para ganarse la opinión pública, las petroleras y las gaseras financian todo tipo de iniciativa cultural o de infraestructura pública. Recuerdo con mucho coraje los letreros que la petrolera Shell colgaba en 2024 a las afueras del histórico Jardín Botánico de Río de Janeiro, presumiendo su compromiso ambiental en su alianza con el jardín. La ironía es que muchas de las plantas resguardadas en el jardín están siendo llevadas al borde de la extinción debido a las condiciones climáticas que ha provocado la industria fósil. Las políticas de austeridad impuestas por el modelo capitalista han dejado un vacío gigantesco en diversos ámbitos de atención social que la industria fósil ha llenado feliz a cambio de convenientes lavados de imagen pública.

Entender las tácticas con las que juega la industria y los discursos que debemos desmontar es un buen primer paso para saber a qué nos enfrentamos cuando queremos hablar de crisis climática. La conversación no es nueva y considerar qué se ha dicho y quién lo ha dicho nos permitirá usar mejor nuestro tiempo y nuestro esfuerzo.

Comunicar para ganar

Contra las mentiras de la industria y la inactividad política, el movimiento climático ha contestado con un desmadre de narrativas. Se ha intentado de todo y la desesperación ha sido el denominador común de muchos de los discursos. Es comprensible, estamos ante un escenario que, apenas lo entendemos, resulta pavoroso y nos empuja a querer mover a otros tanto como ya nos mueve a nosotros mismos. El primer problema es que las demás personas no son nosotros mismos y pretender que los mismos argumentos o aspectos de la realidad que me despertaron a mí despierten a otros es inefectivo. Cuando comunicamos, seguimos la inercia, como individuos o como colectivos, de hacer la comunicación que nos gusta a nosotros mismos. Si haces un podcast, escribes un texto o haces un video para alguna red social sin pensar en la audiencia, lo más probable es que acabes haciendo algo que a ti te gustaría ver, leer o escuchar. Podemos sentirnos contentos con el resultado final, pero no es la mejor de las ideas si queremos que alguien más, además de nosotros mismos, nos escuche, nos lea y, sobre todo, se movilice a partir de ello. El segundo problema es lo mucho que nos cuesta imaginar alternativas; una condición que nos queda de haber crecido en el neoliberalismo donde la disidencia sonaba absurda.

La comunicadora y científica climática Katharine Hayhoe compartió en una conferencia su experiencia de dar una charla sobre cambio climático a ganaderos de Texas de una zona republicana y conservadora. No puedo pensar en una audiencia climática más difícil que la de ganaderos que se sienten amenazados por la acción climática. La salida que le dio Katharine a este reto fue hablarles sobre los cambios en los patrones de lluvia y las bajas en el crecimiento de los pastizales en esa región de Texas. Les preguntaba a los ganaderos si habían experimentado bajas en el peso de su ganado. La hostilidad con la que fue recibida en un primer momento se fue convirtiendo en cabezas que asentían al ver sus problemas reflejados en lo que ella les estaba explicando. La anécdota termina con esta científica climática platicando, al final de su charla, con varios ganaderos que, a pesar de seguir renuentes a reconocer en su totalidad la idea de la crisis climática, se acercaban y exponían a detalle lo que a ellos les estaba pasando, todos con la esperanza de encontrar alguna alternativa.

El objetivo de comunicar la crisis climática no es pretender que se vuelva el tema más importante en la vida de las personas. Peor aún sería querer convertir a nuestras audiencias en la imagen que tenemos en nuestra cabeza del activista perfecto. No tenemos tiempo para estos purismos. La realidad es que a todas y todos nos atraviesan el capitalismo, el patriarcado, el colonialismo y la crisis climática de una u otra forma. Así que un primer consejo es hablar desde lo que ya le importa a la persona que tienes en frente de ti. Lo que Katharine Hayhoe hizo en su charla fue poner a un lado sus propios prejuicios sobre sus interlocutores y encontró un punto de entrada que sabía que les era importante, y desde ahí construyó una conversación basada en el respeto: "Te entiendo, y creo que lo que te preocupa es importante".

Las y los activistas climáticos por lo general llegamos a las conversaciones climáticas con un marcador en contra; la gente se ha hecho de muchas ideas de lo que implicará hablar con uno de nosotros, creen que los vamos a juzgar por sus acciones individuales, por el tipo de auto que tienen o por sus decisiones de consumo. Alguna vez di una charla a las madres y los padres de familia de la escuela de mi hija y mi hijo, y en las semanas siguientes dos mamás se disculparon conmigo en distintos momentos, una porque llevaba platos desechables para partir un pastel y la otra por no reciclar lo suficiente. Las dos presentaron sus disculpas como primera línea de conversación en la fila para recoger a nuestros hijos, es decir, su respuesta viene de una buena voluntad, pero también de décadas de ingeniería social dirigida a internalizar el costo de sus acciones individuales; yo no había dicho nada y ya se sentían juzgadas. Es difícil desandar décadas de un activismo que se ha enfocado en cargar de culpas a las personas individualmente, por ello resulta esencial crear estrategias para abrir esas conversaciones que necesitamos tan urgentemente.

A todas y todos nos importa algo. Cuando pregunto a las personas que asisten a las charlas que he impartido: "¿Qué es lo más importante en sus vidas?", las respuestas revelan que, por lo general, nos importan las mismas cosas. La gente responde: "Mi familia, mis seres queridos", "mi territorio", "el deporte" o las actividades que disfrutan y dan sentido a su vida. Es una pregunta sencilla pero resulta muy útil para que la audiencia se reconozca en los deseos y valores de unas y otros. Nadie responde "la macroeconomía", "la industria", "la bolsa de valores", ni siquiera "el dinero". Habrá quien sí lo diga, pero en cinco años de dar estas pláticas nunca me he encontrado con esa persona. La experiencia indica que nos interesan cosas esenciales, eso nos brinda un piso común muy amplio para construir una conversación a partir de lo que llamo "regresar a los básicos". Podemos reducir el objetivo de toda campaña de comunicación a "queremos vivir bonito". Suena básico y ése es el punto.

Para desactivar parte del ruido que hay alrededor de la conversación climática me resulta útil atender pronto la cuestión de las acciones individuales, es decir, dejarle claro a la audiencia que no soy un auditor de su modo de transporte o de su dieta. Recordemos que las acciones individuales son un marco de congruencia que cada quien define: cómo y cuándo llega a él, por lo general, desde su propio privilegio. Sin embargo, el propio conocimiento climático también genera ruido. Incluso en espacios académicos he visto que se rehúye hablar del cambio climático para no entrar en un terreno desconocido.

El conocimiento que tenemos lo adquirimos a lo largo de años de estar leyendo e interactuando con la crisis climática y sus múltiples espacios de conversación, es un área muy viva de investigación por lo que es normal no saberlo todo. No podemos esperar que todo mundo esté en el mismo nivel de involucramiento y conocimiento que nosotros. Seamos generosas y generosos, empezar a asomarse a la realidad del clima es un trago amargo, y hay muchas preguntas y todas merecen una respuesta paciente. Hay mucha desinformación, así que, aunque muchas de esas preguntas pueden ser recurrentes, hay que responderlas con generosidad y paciencia.

Librado el ruido hay dos tipos de discursos que debemos evitar, pues son como arenas movedizas, una vez que se cae en ellos es muy difícil salir de ahí. Al primer tipo lo llamo discursos comeflores. Instagram está lleno de ellos. La segunda clase son los discursos fatalistas o *doomers*, en inglés. Twitter (ahora X) está plagado de ellos.

Los comeflores quieren escapar de la realidad, nos invitan incansablemente a enfocarnos en las cosas buenas que tienen la vida, como diría Chayanne. La invitación de Chayanne está genial, el problema es que si nuestro discurso climático se reduce a disfrutar las cosas buenas, difícilmente podemos entender el nivel de urgencia al que nos estamos enfrentando. Pongamos un ejemplo absurdo: Guadalajara tiene atardeceres espectaculares cuando se incendia el bosque de La Primavera, pero nadie quiere escuchar esta apreciación de los cielos tapatíos, por más objetiva que sea, considerando la realidad que los ocasiona. Las personas comeflores nos invitarán a reconocer y aplaudir "victorias" en los acuerdos de las COP o a darles crédito a los granitos de arena de industrias y gobiernos, consideraciones que se convierten en la puerta de entrada para la validación del *greenwashing*. Se vale hablar de esperanza, ¡vaya, es necesario! Podemos resaltar historias de recuperación de ecosistemas, de procesos pequeños que van cambiando la realidad a escala comunitaria. Estos son relatos poderosos que ayudan a que reconozcamos nuestra capacidad para organizarnos y lograr que algo, así sea pequeño, cambie. Lo que no tiene sentido —por el contrario, resulta contraproducente— es pretender que la crisis climática se resuelva con estas acciones, querer que la conversación se acabe con nuestra buena acción, querer conservar nuestra visión de túnel y perder de vista el panorama completo de la realidad. Necesitamos mantener un pie en la acción de lo posible, lo cual muchas veces implica empezar con algo pequeño, y el otro pie en la realidad, para que nos dé un rumbo a seguir y sentido de urgencia para marcarnos el ritmo.

Del otro lado del espectro están los fatalistas o los *doomers*. A diferencia de los comeflores, éstos, por lo general, conocen y entienden más de la ciencia climática, o por lo menos eso aparentan. Desde su conocimiento se lanzan a una campaña de proclamar un inevitable apocalipsis, regodeándose en el hecho de que ellos ya lo vieron y ya lo superaron. Los *doomers* nos van a repetir hasta el cansancio que no hay nada que podamos hacer y si en verdad están informados tomarán mucha de la información disponible y la usarán como prueba de que todo se está yendo al carajo. Tener la razón es un consuelo muy pobre en medio del azote de un huracán categoría 5. Por lo tanto, nuestras aspiraciones al momento de comunicar deben ir mucho más allá de deprimir o espantar a la gente. Quizás es la arrogancia que caracteriza a este tipo de comunicadores lo que les impide ver que su postura equivale a la rendición. La esperanza puede ser muy tramposa cuando se malinterpreta como un ciego e ingenuo optimismo, pero la desesperanza también puede ser una cadena autoimpuesta que algunos portan con orgullo.

Como ya lo dije, el fatalista y el optimista están sentados en la misma banca sin hacer nada o haciendo cualquier cosa inútil para efectos del desastre que nos rodea. Uno sonríe como imbécil y el otro nos mira como si los imbéciles fuéramos nosotros. Al final de cuentas ninguno de los dos quiere enfrentarse a lo que tiene delante, prefieren sus visiones deterministas en las que todo ya está definido. Quizá tienen miedo de reconocer no sólo la realidad de las cosas sino la posibilidad de alterarlas. El miedo lo llevamos con nosotros, pero no debe convertirse en el destino final de la historia que contaremos. Audre Lorde lo dijo mucho mejor:

> Porque la máquina intentará triturarnos y convertirnos en polvo de todos modos, hablemos o no. Podemos sentarnos en nuestros rincones, mudos para siempre, mientras nuestras hermanas y nosotras mismas somos aniquiladas, mientras nuestros hijos son distorsionados y destruidos, mientras nuestra tierra es envenenada; podemos sentarnos en nuestros rincones seguros, mudos como botellas, y aun así no tendremos menos miedo.[80]

NUEVAS NARRATIVAS CLIMÁTICAS

Maldigo la poesía concebida como un lujo
cultural por los neutrales
que, lavándose las manos se desentienden y evaden.
Maldigo la poesía de quien no toma partido,
partido hasta mancharse.

GABRIEL CELAYA

Necesitamos nuevas historias. La historia que contaremos tiene que atreverse a dibujar otro futuro, debe ser ambiciosa en lo que pretende lograr, sin preocuparse por que la tachen de ingenua o de repetir el error de tantas generaciones y

---

[80] Audre Lorde (1984), "The transformation of silence into language and action", *Sister Outsider*, Berkeley, Crossing Press, 2007.

movimientos antes del nuestro. Esta historia debe estar cargada de verdad, pues sólo así se sostendrá frente a la prueba del tiempo y de la realidad que nos rodea. Aunque la verdad sea difícil, debemos respaldarla y esto sólo es posible con una buena trama, un buen desarrollo que nos anime a ver el final de la historia. Las salidas fáciles deben estar canceladas, rendirse no es una opción y conformarse desde la ignorancia es lo mismo que rendirse. La historia que contaremos llegará a reemplazar la historia que nos contaron, ésa según la cual el capitalismo era invencible y que era absurdo imaginar su final. Esa historia vive en nuestras mentes, en el trabajo que tenemos, en los gobiernos que votamos, en la publicidad que consumimos y en las narrativas de su eficiente aparato de propaganda. Somos bombardeados por mensajes que reiteran el poderío que ellos tienen y lo pequeños que somos nosotros.

Pero, como dice George Monbiot, somos criaturas de narrativa, y un hilo de hechos y datos, sin importar su relevancia, no tiene el poder de desplazar una historia persuasiva. Lo único que puede reemplazar a una historia es otra historia. No puedes quitarle a alguien su historia sin darle una nueva. Crear nuevas narrativas se refiere a eso, a reescribir una historia.

Nadie quiere hablar o escuchar de cambio climático, ésa es la realidad. La gente me sonríe tímidamente esquivando mi mirada cuando les explico a que me dedico, como si les dijera que trabajo en algún tipo de estafa de piramidal. Para un amplio grupo de personas, su imposibilidad de involucrarse es una cuestión de clase; sus necesidades inmediatas no les permiten prestar atención. Para otras muchas personas se trata de una conversación cargada de miedo, de imposibilidad y de ansiedad. La historia que han escuchado, desde su clase de geografía en la secundaria hasta el día de hoy, dice que la cosa va mal y está cabrón hacer algo. El problema no es que esto no sea cierto, el problema es que ahí es donde interrumpimos la historia, absurdamente seguimos esperando un despertar de reacciones y voluntades a partir de las imágenes de osos polares famélicos y de incendios forestales descomunales. Necesitamos completar esta historia para que alguien decida hacerla suya.

Sí, la cosa va mal y está cabrón, pero si nos organizamos podemos sumar nuestras fuerzas e irrumpir el sistema que está alimentando esta crisis. Podemos restaurar el entorno que habitamos. Podemos llorar juntos nuestras pérdidas, recordando lo que ya no pudimos salvar. Podemos revertir las injusticias que nos dijeron que eran normales y que teníamos que aceptar. Podemos ser felices, y podemos abrazarnos cuando no podamos estarlo. Podemos plantarles cara a las empresas y políticos que esperan que les firmemos sumisamente un cheque en blanco para destruir nuestras vidas y el futuro de las siguientes generaciones. Podemos probar una y otra vez que la historia no está ya escrita, que las hojas siguen en blanco y la pluma está en nuestras manos.

Juega como si fueras perdiendo (porque así es)

Estuve buscando otra manera de escribir la siguiente frase sin recurrir a mi pensamiento original, pero no pude. Así que tendré que decirlo: no hay tiempo para pendejadas. En el ámbito de las organizaciones y los movimientos climáticos sorprende la cantidad de energía que invertimos en rencillas y divisiones irracionales. El rumbo que llevamos es peligroso, hemos estado perdiendo por décadas, la extrema derecha autoritaria está ganando terreno y las instituciones de las que esperábamos alguna respuesta se van desmoronando o quedando irremediablemente en el terreno de lo simbólico, donde quizá siempre estuvieron. No hay tiempo que perder, ni energía que podamos desviar para satisfacer egos. Ésta no es una invitación a dejar sin revisión y consecuencia las violencias o los abusos, es más bien un llamado a priorizar la organización a pesar de las afinidades o la falta de alineación en todos los aspectos.

Si entendemos que vamos perdiendo, mágicamente pierde importancia la competencia por el purismo, esa absurda evaluación a la que se someten muchos movimientos, estableciendo parámetros del activista perfecto que sólo terminan por aislar a muchos o dejarlos sin ganas de sumarse a un movimiento o colectivo. Necesitamos dejar a un lado la idea de escasez mediante la cual nos hacen creer que los recursos son limitados —mientras que nuestros deseos son, o deben ser, ilimitados, individuales y siempre en competencia—, que la atención en redes no alcanza para todos, que lo importante es figurar para que nos reconozcan a nosotros y a nuestros colectivos. No importa nada de eso, importa que nos organicemos, pues los que nos oprimen esperan que seamos incapaces de hacerlo, importa que construyamos comunidades de aprendizaje y cuidado en las que sintamos que podemos pertenecer de forma cómoda y segura.

Una clave que he aprendido en los movimientos en los que he participado es que resulta importante crear ambientes con objetivos claros y que establezcan límites, reglas de convivencia de forma común y que éstas se reiteren con regularidad. Con frecuencia, nosotros mismos nos creamos dificultades adicionales a las que ya tenemos como movimientos y colectivos. Sin embargo, del lado de las empresas y los gobiernos existe una rápida alineación para entender que pueden trabajar juntos. Entre empresarios y políticos corruptos se comparten objetivos de manera tácita:

—¿Qué queremos?
—Dinero.
—¿Cuándo lo queremos?
—Lo antes posible.

Esta visión es un lugar común que les permite construir alianzas bien articuladas contra las que nos enfrentamos como movimientos.

De aquí se desprende la necesidad de establecer claramente el objetivo de un grupo o coalición. Es muy común que en cuanto logramos echar a andar un colectivo o una campaña para alcanzar un objetivo, pronto lleguen personas que desean priorizar otras necesidades o luchas que para ellas y ellos resultan más importantes. Si bien es válido aceptar otras inquietudes, es muy importante no distraer la atención y los esfuerzos. Pasando a un ejemplo concreto, si se está organizando una campaña contra la instalación de una termoeléctrica que contaminará con la quema de gas fósil y que demandará una importante cantidad de agua de cierta región, no es el mejor momento para promover la prohibición de las corridas de toros. Parece chiste pero es anécdota. Nuestras colectividades se construyen alrededor de valores que, si bien son profundos, no tocan todos los aspectos ideológicos de nuestras vidas y no tienen por qué hacerlo, salvo por aquellos valores y principios esenciales para la construcción de relaciones de respeto y ayuda mutua.

Pelear como si fuéramos perdiendo nos pone en lo que Margaret Klein llama "modo de emergencia", una disposición psicológica que nos permite lograr cosas impresionantes a partir de un enfoque de motivación intensa y colaboración. Esta forma de trabajo nos acercará a reflejar la realidad que ya entendemos: nuestra vidas corren peligro, nuestro futuro se complica con cada victoria de la industria fósil, con cada contrato nuevo de explotación, con cada nueva infraestructura fósil, con cada nuevo esquema de negocio que insufla vida a este modelo económico que desconoce todo tipo de límite. Es una emergencia que nos llama a crear maneras radicales de colaboración y cuidado. Conocemos el modo de emergencia, lo hemos visto en nuestras comunidades e incluso en las grandes ciudades, me refería a éste en el segundo capítulo cuando hablé del sismo de la Ciudad de México. Esa forma de colaboración extrema es un modo de emergencia activado.

Más allá de las divisiones, filias y fobias

En su libro *Tierra. Estrategias sanadoras para la humanidad*, Tamsin Omond señala que una clave de la creación de comunidades para la acción es ver más allá de las relaciones familiares y de los afectos preexistentes que tenemos. Tamsin, organizadora climática y activista inglesa, dice que un mejor punto de partida es buscar personas que prioricen la comunidad y el cuidado. En este sentido, las particularidades pragmáticas del modo de emergencia no deben ser vistas como una excusa para descuidar el cuidado, por el contrario, nos exigen ponerlo al centro de nuestras acciones y preocupaciones, pues, como dice Lorde, nuestra supervivencia está en juego.

El llamado a resistir más allá de nuestras diferencias no es un asunto trivial, es una necesidad vital para la supervivencia de nuestros movimientos y las luchas que encarnan. Cuando en 2018 le preguntaron al líder indígena amazónico Ailton Krenak: "¿Cómo van a resistir los indios frente a todo esto" —en referencia a las agresivas medidas de desmantelamiento de la política ambiental e indigenista que Bolsonaro estaba implementando en Brasil—, Krenak contestó: "Hace quinientos años que los indios están resistiendo, lo que a mí me preocupa es cómo le van a hacer los blancos para salir de ésta". En su libro *Ideas para postergar el fin del mundo*, Krenak explica que la forma de resistir que encontraron los pueblos indígenas fue expandiendo su subjetividad, no aceptando la idea de que todos son iguales: "Definitivamente no somos iguales, y es maravilloso saber que cada uno de nosotros que estamos aquí es diferente del otro, como constelaciones".[81]

La tendencia o arrastre hacia la homogenización de la humanidad es una trampa de simplificación de los deseos y los

---

[81] Ailton Krenak, *Ideias para adiar o fim do mundo*, São Paulo, Companhia das Letras, 2019. [La traducción de la cita es mía.]

anhelos, es la programación del alcance de nuestras capacidades y el aislamiento de aquellos que se resisten a encajar en el molde del "desarrollo". Esta homogeneización facilita la implementación de mecanismos de control para las corporaciones y los gobiernos. Las diversas estrategias de control se aprecian, por ejemplo, en las narrativas que los movimientos libertarios y de extrema derecha utilizan para convocar y convencer a los hombres, llamándolos a identificarse con estereotipos de macho alfa y a percibir lo diferente como una amenaza.

En este contexto, los hombres tenemos un reto particularmente grande; desde niños nos enseñan a ser reactivos y responder con fuerza, si no es que con violencia, ante las amenazas. A lo largo de nuestra vida, nuestras experiencias de conflicto y pelea pueden ser muchas, pero las de cuidado son generalmente pocas y esta emergencia nos exige cuidar. Como advierte Tamsin Omond:

> En un mundo cada vez menos hospitalario, la única forma de sentirnos seguros y tener confianza es construir comunidades fuertes que se provean mutuamente. No tendremos una buena vida si tenemos miedo los unos de los otros y tratamos de superar la crisis en solitario. Nos sentiremos seguros cuando nuestras comunidades sean resilientes y prioricen el cuidado de los demás.[82]

La acción que necesitamos para nuestras comunidades va mucho más allá de las herramientas y los valores de la masculinidad tóxica que nos han querido imponer, que esconde las emociones y trivializa los afectos. Debemos desaprender esas formas y construir nuevos referentes de lo que significa ver por los demás desde nuestras masculinidades. En un estudio de ONU Mujeres de 2015 se analizaron los acuerdos de paz que se han alcanzado

---

[82] Tamsin Omond, *Tierra. Estrategias sanadoras para la humanidad*, Barcelona, Kōan, 2021.

en distintos conflictos bélicos a lo largo del mundo, y se llegó a la conclusión de que aquellos acuerdos que tuvieron la participación de mujeres tenían mayores probabilidades de perdurar y sostener la paz entre las partes que estuvieron en conflicto.[83] El reporte señala que las mujeres sitúan la conversación en clave de cuidados y de sustento de vida, es decir, se centran en temas como la provisión de agua, comida o sistemas de salud. Por el contrario, los hombres destinan su energía a cuestiones de tipo militar y sanciones entre las partes involucradas.

A fin de cuentas, no tenemos que caernos bien todas las personas que integremos esta lucha. Tendremos diferencias con individuos y organizaciones con las que en algún momento habíamos podido coincidir, construir juntos, e incluso habíamos trabado amistad. Es común que esto ocurra, y de hecho las diferencias individuales son explotadas para dividirnos como movimiento. Será conveniente que busquemos resolver las diferencias y, de ser posible, mantener la colaboración, sin embargo, por un montón de razones esto no siempre se logrará. En ese caso, lo único que puedo recomendar es dejar la relación en términos de respeto y no llevar la situación al punto de la enemistad. De nuevo, nuestra energía no alcanza para enfrentar la enorme tarea que tenemos delante y además darnos el lujo de canibalizarnos entre organizaciones y activistas.

Al final de su libro, Tamsin Omond nos invita a hacernos una promesa que me parece muy pertinente, pues sintetiza a lo esencial el compromiso que debemos tener unos con otros:

Prometo
que puedes contar conmigo,
que lucharé por ti,

---

[83] ONU Mujeres, *Women's Participation and a Better Understanding of the Political Role*, 2015. Disponible en: https://wps.unwomen.org/participation/

por el planeta,
y por nuestro futuro,
siempre que pueda

No es la promesa más trascendental o ambiciosa que vas a leer en tu vida, pero es la más esencial. Es una promesa que, si la hacemos y guardamos entre quienes integramos nuestras organizaciones y colectivos, dará claridad a la razón por la que estamos juntas y juntos. Si se la damos a nuestras hijas e hijos, o a cualquier persona chiquita, dejará en claro la responsabilidad intergeneracional con la que estamos dispuestos a cargar. Es una promesa cargada de futuro.

Organizarse tiene muchas formas

Dice Yásnaya A. Gil que con frecuencia la gente minimiza los ejemplos que ella da de organización comunitaria, con el argumento de que éstos sólo pueden funcionar en "su pueblito" o porque se trata de un contexto indígena. Yásnaya explica que esa capacidad de organización que muestran muchas comunidades indígenas en México —y en el mundo— es una propensión natural, una práctica de la vida cotidiana. En Ayutla, la comunidad de Yásnaya, la gente se organiza cuando hay una boda: alguien tiene que poner el maíz y los demás insumos para la comida, alguien tiene que cocinar, otros proveerán el mezcal, la música, las sillas, el lugar, la mesereada, el atole, la leña, etcétera. Lo mismo ocurre cuando hay un funeral, cuando hay un recién nacido, en las fiestas de cosecha o en un desastre que afecta a la comunidad. Su músculo de organización está bien trabajado, no hace falta tocar puerta por puerta para convencer a la gente de participar o sumarse; la comunidad reacciona porque es obvio que hay que hacerlo. Lo mismo pasa, dice Yásnaya, cuando un desastre afecta a la comunidad. Si ocurre un deslave, por ejemplo, la comunidad no tiene expectativas al respecto de que el Estado mexicano la rescate, su esperanza está en lo que todas y todos juntos harán de manera inmediata. El gobierno se va volviendo una entidad inútil en el contexto de una comunidad fuerte y capacitada para responder.

En una conversación que tuvimos Yásnaya, Carlos Tornel, y yo, para un episodio del podcast *Humo*, ella nos decía que la organización puede tener un principio mucho más sencillo y cotidiano al que suponemos que se necesita. Yásnaya decía: "Organícense, si quieren para jugar futbol los domingos, en un club de lectura o en un grupo de bordado, lo importante es que empiecen a frecuentarse y a crear comunidad en torno a algo". De ahí, llevábamos la reflexión a: ¿quién respondería en caso de que tuviéramos una emergencia? Digamos que tengo un grupo con el que juego futbol los lunes por la noche;[84] si alguien falta al juego por una emergencia familiar existe la posibilidad de que surjan muestras y acciones de apoyo de este grupo: que el centro delantero sea quien lleve comida al amigo hospitalizado, y que el defensa lateral izquierdo se ofrezca a llevar a los hijos del amigo a la escuela, pues se dieron cuenta de que van al mismo colegio. El punto es que el equipo de futbol se creó para algo completamente distinto, pero las relaciones formadas y reforzadas a través de éste permiten una respuesta articulada ante las posibles emergencias.

En relación con esto, Yásnaya hace una defensa de la fiesta comunitaria por su capacidad para cumplir con dos propósitos valiosos: por un lado es otro espacio que sirve para practicar las dinámicas de organización, y, por otro, es un lubricante social, pues ayuda a que la comunidad se lleve mejor y, así, responda más eficazmente a las emergencias, pues previamente hubo espacio para disfrutar. Ésta es una lección valiosa para quienes trabajamos en organizaciones y colectivos, no debemos dejar

---

[84] No lo tengo, si alguien tiene uno, ésta es mi muy enredada forma de decirles que por favor me inviten.

de encontrar espacios para celebrar nuestras victorias y cualquier otro motivo de dicha cotidiana. Nuestras organizaciones y colectivos no existen en abstracto, son las personas que las conforman. Cuidar de ellas es también darnos espacios para disfrutar de estar juntas y juntos.

Enredar causas es mi pasión

El principio de comunicación de encontrar aquello que es lo más importante en la vida de las personas para, desde ahí, hablar de la crisis climática también puede ser útil al momento de compaginar las diversas agendas de las organizaciones y los colectivos. La crisis climática alcanza todas las luchas y ésa es nuestra mayor ventaja cuando se trata de consolidar un frente común. Ya sea que nos enfrentemos a un nuevo desarrollo inmobiliario que amenaza con destruir el bosque de nuestra comunidad, a un gobierno municipal que quiere privatizar el parque del barrio o a un megaproyecto de exportación de gas natural licuado (GNL), podemos crecer la lucha más allá de nuestras organizaciones si encontramos las causas y los valores que a todos nos resultan importantes. Tomemos el ejemplo del parque. En un primer momento, seguro encontraremos argumentos ambientales para proteger el parque al hablar de la diversidad de especies que viven en esa área verde, pero también podemos sumar al grupo de señoras que hacen sus aeróbics por las mañanas y a las madres y los padres de familia que por la tarde llevan a sus hijas e hijos al área de juegos. De ahí podemos considerar a los colectivos de movilidad y de recuperación urbana. La coalición puede crecer hasta donde nos la imaginemos y, según el tipo de lucha, podemos decidir a quiénes queremos invitar a sumarse y cómo será más estratégica y eficaz su participación.

Cuando más de treinta organizaciones arrancamos la campaña *¿Ballenas o Gas?* contra el Proyecto Saguaro, la apuesta fue buscar apoyos entre organizaciones, colectivos y comunidades muy diversas. Las reuniones de la coalición que se formó incluía miembros de organizaciones de cambio climático, organizaciones dedicadas a la conservación marina, colectivos de comunicación de distintas partes del país, organizaciones de corte social y cultural de pequeñas comunidades, organizaciones internacionales con representación en México, organizaciones dedicadas a la cartografía, organizaciones que hacían *stand-up* y mucho mame, organizaciones de educación marina, organizaciones dedicadas a la silvicultura y a la protección de bosques, académicas y académicos que llevan toda su vida trabajando en universidades, biólogos de la sierra de Sonora... En fin, la diversidad era muy grande. Una vez que lanzamos la campaña, le sumamos a esta diversa colectividad las ideas de artistas visuales, ilustradoras, tatuadores y memeros. Después se hizo un llamado a que las escuelas enviaran dibujos de sus alumnos y alumnas, y se convocó a comercios locales como bares y restaurantes a que prestaran sus establecimientos para la difusión de información y para convocar a las movilizaciones que fueron ocurriendo. La diversidad volvió caótica la campaña y eso era justo lo que necesitábamos, un caos que ayudara a que las acciones se salieran de control en el mejor de los sentidos. Si hubiéramos aspirado a controlarlo todo, nuestro alcance habría estado limitado a un puñado de personas. El caos permitió que la campaña se extendiera y que muchas personas la sintieran e hicieran suya.

Para que sucediera esto que pasó con *¿Ballenas o Gas?* es esencial que las personas encuentren qué papel pueden desempeñar y, sobre todo, sentir que es importante. Antes de diseñar la ruta de lo que terminaría por convertirse en la Red de Comercios Defensores del Mar, difícilmente el dueño de un café en la ciudad de Guadalajara se habría imaginado que podía hacer algo para defender a las ballenas del golfo de California, por más aprecio que sintiera por estos animales. Muchas veces acompañar a otros en el proceso de identificar cómo sus capacidades y herramientas pueden sumar a una lucha es la mejor inversión que podemos hacer de nuestro tiempo. Y lo mejor no es hacerlo caso por caso, sino diseñando estrategias claras y generales para que la gente sepa cómo puede formar parte de una lucha que le importa.

En la lucha climática encontramos muchas oportunidades para sumarnos desde una infinidad de ángulos, sin embargo, muchas veces nos detiene el hecho de que sentimos que tenemos que saber todo sobre el cambio climático para poder aportar, y no es así. De hecho, quienes sabemos de cambio climático necesitamos la ayuda de quienes saben de todo lo demás, nuestro campo requiere aportaciones de la biología marina, de los estudios de género, de la defensa de las personas migrantes, de los procesos de la educación popular, del trabajo con niñas y niños, y de una infinidad de saberes que sabemos que se cruzan con el clima pero que no conocemos a profundidad. Además, los argumentos que provengan de una diversidad de voces son mucho más difíciles de despreciar por parte de las autoridades. *¿Ballenas o Gas?* no es el trabajo de uno cuantos biólogos marinos preocupados por las ballenas, es un esfuerzo colectivo y articulado de comunidades de pescadores, la industria de avistamiento de ballenas, niñas y niños de decenas de escuelas de todo el país, científicas y científicos, y muchas otras voces. La invalidación simplona a la que muchas veces recurren las autoridades se vuelve insostenible ante una diversidad como ésta.

La campaña sigue sumando voces de muy diversos contextos; los apoyos más recientes provienen de las organizaciones y comunidades en Estados Unidos de donde se extrae el gas que pretenden exportar. Entre más crece la resistencia, ésta se vuelve más difícil de cooptar o apagar, pues el movimiento deja de depender de unos pocos para seguir adelante. En marzo de 2025, la campaña tuvo un brinco transatlántico: en España aparecieron *stickers* que señalaban al banco Santander como responsable de apoyar el asesinato de ballenas en aguas mexicanas.[85] Los mismos *stickers* también aparecieron en ciudades mexicanas y en algunas de Estados Unidos.

La empatía nos ha permitido organizarnos para cuidarnos entre nosotras y nosotros. Margaret Klein, psicóloga clínica que se transformó en activista climática, explica el papel esencial que desempeña esta capacidad emocional:

> Tus sentimientos dolorosos surgen de las mejores partes de ti mismo: de tu empatía, tu sentido de responsabilidad, tu amor por los demás y tu amor por la vida. Estos sentimientos te conectan con toda la vida y serán el combustible para el trabajo que tienes por delante.[86]

Hoy tratan de extirparnos la empatía, vendiéndonos versiones cada vez más caníbales del capitalismo. Sin embargo, cuando reforzamos esas formas de ayuda mutua, resistimos, sobrevivimos. En la medida en que aumentemos la posibilidad de enredar, de estirar y encontrar las razones y maneras de apoyarnos iremos ganando, construyendo frentes más amplios, sumando más formas y herramientas, creciendo en conocimiento y en estrategias.

---

[85] El vicepresidente de Mexico Pacific, empresa que impulsa el Proyecto Saguaro, dijo en entrevista que los tres bancos que están ayudando a conseguir el financiamiento del proyecto son JP Morgan, Santander y MUFG (Mitsubishi Bank). A partir de esa declaración, Santander se volvió un objetivo de presión de la campaña y de otros grupos internacionales para exigir que abandone el apoyo financiero de un proyecto que amenaza directamente a las ballenas.

[86] Margaret Klein Salamon, *Facing the Climate Emergency*, Canadá, New Society Publishers, 2023. [La traducción de la cita es mía.]

Experimentar porque no hay tiempo de pilotear

Hay una urgencia por encontrar nuevas estrategias, por empezar a ganar donde siempre hemos perdido. Muchas de las organizaciones con décadas en la lucha climática están acostumbradas a probar sus estrategias antes de dar un paso adelante. El diseño de una estrategia general puede tomar hasta dos años. Desgraciadamente, tiempo es algo que no tenemos. Es decir, el lujo de pilotear nuestras ideas o de tener una cautela extrema es incosteable. Existen formas de aprender rápido de lo que ya se ha probado en otros lados y ha funcionado, entendiendo que nuestros enemigos nos llevan ventaja y están actuando mucho más rápido que nosotros. Debemos perder el miedo a experimentar, probar nuevas estrategias, evaluarlas y modificarlas, siendo conscientes de que no todo va a funcionar y está bien. Podemos hacer pruebas poco costosas en tiempo y dinero; es preferible tener unos cuantos fracasos y después una potente estrategia probada.

En la lucha contra los puertos de megacruceros en La Paz y Cozumel, las organizaciones fuimos probando distintas ideas a lo largo de la campaña. Una de las primeras acciones que implementamos fue un concurso de memes, con un pequeño premio de mil pesos para el ganador. Creímos que sería un fracaso, pues, faltando tres días para el cierre del concurso, habíamos recibido tres memes y dos eran míos. Sin embargo, los últimos dos días llegaron más de 120 memes e ilustraciones que se convirtieron en el material de difusión de la campaña. Semanas más tarde, envalentonados por nuestro primer éxito, lanzamos un concurso de disfraces: esta vez, sólo una persona mandó su foto disfrazada de megacrucero (no fui yo). No importó, pues ya habíamos entendido el alcance de una estrategia de ese tipo. Otras estrategias exitosas de aquella campaña fueron convocar a niñas y niños a pegarle a una piñata de megacrucero, convocar a una rueda de prensa disfrazados de animales marinos, hacer comunicados de prensa con sarcasmo y humor, apoyarnos de proyecciones de documentales para socializar rápidamente la lucha y un largo etcétera que hoy vive en el conocimiento de varias organizaciones de distintas partes del país.

Ahora bien, esto no debe entenderse como un llamado a hacer las cosas mal y al aventón. Hay que ser responsables con el tiempo y con lo que decimos, eso no se discute. La invitación es a atrevernos a probar ideas de todo tipo, a experimentar con travesuras que surgen en juntas creativas. Los resultados pueden sorprendernos cuando somos ágiles y bien hechos. (Puedes encontrar otros ejemplos de estas formas creativas de activación en el siguiente capítulo, en el apartado "Cuando somos creativos".) Nuestros movimientos muchas veces son ligeros y tienen más flexibilidad que una corporación o un aparato de gobierno. Esto nos da una ventaja que, si sabemos utilizarla, puede volverse una pesadilla para quienes quieren imponer un megaproyecto destructivo. Muchas veces se quiere tachar esa ligereza de desorganización, pero bien empleada te permite crecer en número y estar en varios frentes de manera simultánea. La clave es sumar a diversas personas y colectivos, y delimitar claramente las tareas, de tal forma que se pueda hacer mucho entre muchos.

Experimentar es un ejercicio de confianza y honestidad, entre quienes participan y para con nosotros mismos. Es muy importante en todas las etapas de la experimentación transmitir cualquier duda o inquietud, hablarnos con claridad si no estamos logrando cumplir con nuestra parte y evaluar con cuidado qué funcionó y qué podría cambiar en una segunda prueba, si acaso es deseable o necesario.

¿PODEMOS GANAR?

> *No necesito una garantía de éxito antes de arriesgarlo todo*
> *por salvar las cosas, las personas y los lugares que amo.*
>
> MARY ANNAÏSE HEGLAR

Depende. Primero depende de lo que entendemos por *ganar*. Desgraciadamente hay demasiadas películas donde el "bueno" le gana al "malo": se reconstruye Manhattan, el "bueno" se casa con "la chica", tienen hijos, adoptan un perro y seguramente votan por el candidato de derecha en la siguiente elección. Pero nuestra victoria es distinta: es la resistencia. Esto puede sonar profundamente desalentador para algunas y algunos, pero resistir es un acto lleno de poder. La resistencia está tejida de muchas pequeñas victorias que en el presente se perciben como insignificantes o apenas simbólicas, pero son la muestra de que podemos ganar aunque tengamos menos dinero, aunque los políticos estén comprados por el bando contrario, aunque la policía use la fuerza, aunque se vean como gigantes enfrente de nosotros.

Como ya lo dije, el primer paso para dejar de perder es imaginarnos que podemos ganar. El camino que conduce a esa victoria es muy diverso y no es una línea recta, tiene muchas formas, recorre una historia trenzada entre varios tipos de resistencia y, como dicen los zapatistas, es circular . No hay balas de plata. Quien diga "La solución es (inserte aquí una idea tecnológica, política, de negocio o de modificación ambiental)" nos está mintiendo y su aporte llevará a que perdamos tiempo y energía en atenderla. No, la alternativa que construyamos debe ser amplia y debe permitir esa diversidad de la que hablaba anteriormente.

Podemos ganar, sí. Pero recordemos que la victoria no es inevitable y que la mayoría de las veces no nos es posible darnos cuenta de qué tan cerca estamos de empezar a ganar en este conflicto permanente. Estamos ganando cuando nuestro mensaje empieza a viajar, cuando se replica al punto de convertirse en una narrativa que reta e incomoda al *statu quo*, que pone en entredicho lo que siempre se ha pensado. En el siguiente capítulo hablo de las experiencias de algunos colectivos que consiguieron que su inercia creciera al punto de desmontar lo que muchos considerábamos una norma. Tenemos que redefinir en qué consiste ganar en el corto plazo —movilizaciones nutridas, espacios pequeños de esperanza, nuevos grupos interesados en lo que estamos construyendo—, en el mediano plazo —eliminación de formas de opresión, planes de salida de industrias contaminantes, nuevas relaciones económicas y sociales puestas en marcha— y cómo se ve nuestra meta final —esa sociedad que restablece su conexión con la naturaleza, la restauración de ecosistemas, el cierre definitivo de industrias contaminantes, nuevos paradigmas de bienestar—. Las tres formas de victoria tienen que convivir en nuestro imaginario. No es un escenario dual; démonos la oportunidad de celebrar, teniendo en cuenta que no hemos acabado, falta mucho y está bien.

La lucha por los derechos civiles de la población negra en Estados Unidos ganó y a la vez sigue librándose. En los libros de texto, esta historia aparece como un capítulo cerrado. En las versiones más resumidas hablan de Rosa Parks y de Martin Luther King Jr. como de los íconos de esa importante lucha. En las escuelas proyectan videos de MLK proclamando su famoso discurso de "Yo tengo un sueño" e incluso hay un día en el calendario federal para conmemorarlo. Pero esa historia esconde las victorias de las que se nutrió el movimiento. Esconde la violencia que se vivió durante los años de lucha en las calles y esconde a personajes que fueron fundamentales para incomodar al poder, por ejemplo, la lucha y el pensamiento de Malcolm X o la defensa de los barrios negros por parte del Partido de las Panteras Negras, cuyo trabajo no sólo incluía la defensa armada de sus comunidades sino programas de alfabetización, de desayunos escolares para niñas y niños y clínicas de salud gratuita. Todas estas victorias fueron marcando un camino. El reciente movimiento de Black Lives Matter visibilizó la enorme agenda pendiente que queda. Estados Unidos y su sistema económico y político siguen cimentados en el mismo racismo que hizo de este país una potencia económica hace casi dos siglos; el punto no es pedir más derechos, sino romper el sistema que se alimenta de la desigualdad y la explotación.

Hay que imitar a la naturaleza. La vegetación vuelve poco a poco, rompiendo hasta los materiales más duros y aparentemente impenetrables. Primero es una hija de pasto asomada en una grieta, luego sale una flor, luego son varias, luego se extienden, luego vuelven las abejas y los grillos. La desobediencia de Rosa Parks fue una acción entre muchas que estaban ocurriendo; quizá no se dio cuenta cuando la arrestaron que ya había empezado a ganar. Nuestras victorias ya se ven en muchas partes, como dice Arundhati Roy: "No es que otro mundo sea posible, sino que está en camino. En un día tranquilo puedo oír su respiración".[87]

---

[87] Citada en: Tamsin Omond, *Tierra. Estrategias sanadoras para la humanidad*, Barcelona, Kōan, 2021.

4

¿DÓNDE ESTAMOS GANANDO?

La esperanza es un hacha con la que,
en las situaciones de emergencia, puedes
derribar puertas, quebrar ventanas.

HANNAH ARNESEN[88]

En este último capítulo vamos a repasar los escenarios en los que hemos dejado de perder y en los que incluso podemos decir que vamos ganando, señalando las diferencias entre unos y otros. Hay muchas historias a este respecto, la literatura climática está llena de ellas, todas son poderosas y nos ofrecen pistas de acciones que podemos probar en nuestros contextos y comunidades. Hay una mentira que nos repetimos de forma inmediata cuando escuchamos alguna de estas historias y es que "aquí eso no se puede, en mi ciudad/pueblo/comunidad somos muy (inserte aquí adjetivos del tipo: *apáticos*, *tranquilos*, *desorganizados*, *poco unidos*, etcétera)". Afortunadamente, tenemos historias provenientes de los lugares más improbables, en situaciones adversas, historias de éxito donde sobraban las razones para la duda y el desánimo. Hace falta diseccionar esas victorias, entender su contexto, los aciertos de sus protagonistas y el tipo de rivales que enfrentaban; sólo así podemos esperar que se conviertan en semillas para otras luchas.

Estamos ganando donde la gente se organiza. Eso es así siempre. Si no hay organización, hay confusión, y en la confusión faltan objetivos claros y la energía se dispersa, llega la

---

[88] Esta cita proviene del libro más increíble sobre la crisis climática: *Polvo de estrellas* (Thule, 2024). Es un libro tan hermosamente ilustrado como escrito, y su autora es una muy querida amiga.

frustración y empiezan los conflictos y las divisiones. Hay que organizarnos a pesar de nosotros mismos, muchas veces resulta difícil, pues exige paciencia y mucha generosidad. La organización requiere que nos recordemos constantemente que lo que estamos haciendo vale la pena; sumar de forma constante e insistente rinde frutos.

Iba a escribir algo muy pragmático: que "tus aliados no tienen que ser necesariamente tus amigos", pero me arrepentí. La gente con la que vas a construir debe ser gente en la que puedes confiar y tú debes representar lo mismo para ellas y ellos. Para el Comité Invisible es así de radical: "Una fuerza revolucionaria sólo puede construirse en red, de lo cercano a lo cercano, apoyándose en amistades seguras, tejiendo furtivamente complicidades inesperadas, hasta llegar al corazón del aparato adverso".[89]

La gente con la que trabajo me cae bien, congeniamos en niveles muy profundos, entendemos en gran medida cómo nos sentimos; ellas y ellos se duelen y alegran con lo mismo que yo, es natural que se generen lazos y conexiones profundas. A veces, falta darnos la oportunidad de recordar que esas personas con las que tenemos sesiones de planeación interminables también bromean y lloran con lo que pasa en el mundo y en sus propias vidas. Hay que dar espacio al humor, a la ligereza, al baile, a la risa; la lucha es cansada y nos hace tomar tragos amargos constantemente, ayudarnos también es saber pasarla bien. En Conexiones Climáticas nos ha servido tener espacios estrictamente dedicados a platicar de cualquier cosa excepto del trabajo, y éstos han servido para entendernos mejor y aligerar las tensiones propias del día a día. No sé cuánto nos habrá de durar, pero considero que ese espacio semanal es una de las prácticas más exitosas que hemos implementado. También es necesario dar espacio a lo que nos duele, un tiempo para parar y

[89] Comité Invisible, *Ahora*, Logroño, Pepitas, 2017.

darnos la oportunidad de escuchar por lo que está atravesando la persona a la que le escribo correos titulados "URGENTE". Tenemos que desandar el camino de deshumanización que ha marcado el mundo laboral capitalista.

Ganamos cuando tenemos paciencia. Muy rara vez se gana después de una primera movilización o mucho menos de una primera comunicación. Las luchas tomarán tiempo y la primera apuesta que harán nuestros adversarios será la de esperar a que nos cansemos. Por lo mismo hay que planear luchas largas, hay que tomar acuerdos desde temprano para fijar expectativas claras en el grupo y definir de manera conjunta algunos de los hitos que queremos alcanzar o las formas de victoria. Las luchas toman años y la transformación hacia la sociedad que imaginamos es el trabajo de una vida, así que démosle tiempo.

Esto último lo escribo mordiéndome la lengua, quienes me conocen seguro están enchuecando la boca, pues estoy aprendiendo a tener paciencia, a darme cuenta de que no tenemos por qué imponernos prisas que no existen.[90] Constantemente nos sometemos al cortoplacismo y lo peor es que en las luchas sociales todo parece urgente: "¡El comunicado tiene que salir el lunes, si no perdemos la oportunidad!", "el video tiene que salir en el Día Mundial de los Humedales", "necesitamos viajar a la profundidad de la selva antes de que termine el año fiscal". En fin, siempre habrá fechas y plazos que nos estarán poniendo más presión de la que ya tenemos. Por lo general, estamos en desventaja numérica, tenemos menos dinero que nuestros adversarios y estamos cortos de tiempo, así que si existen cosas que tú o tu colectivo controlan, ayúdense. Cuida tus afectos, defiende tus fines de semana, guarda las fechas importantes de tus seres queridos como cumpleaños y otras conmemoraciones.

---

[90] Saludos a Mariana y a todo el equipo de comunicación de Conexiones Climáticas.

Tómate en serio las vacaciones, la lucha es importantísima, nadie lo pone en duda, pero no nos sirven los activistas reventados. Hablaré más adelante de esto, en el apartado "Cuando somos pacientes".

Sobre todo, ganamos cuando pensamos en tiempos, espacios y términos distintos a los del capitalismo, cuando no sólo frenamos el megaproyecto sino que además creamos una identidad distinta a la que pregonan nuestros adversarios. Ésta me parece la más trascendental de las formas de ganar y de la que estamos más lejos. En este aspecto, nuestra guía son las comunidades indígenas, cuyas maneras de entender la naturaleza son distintas a la visión positivista del mundo occidental. Hay vida en nuestro planeta y esa vida está en las montañas, en los ríos, en los mares y en todos los seres vivos que nos rodean. Esto puede parecer un discurso hippie trasnochado, pero la gran diferencia que hay entre un defensor del territorio y un activista es el lugar desde donde actuamos. Yo defiendo un cerro porque me gusta, porque entiendo su valor ecosistémico, porque sé que me provee aire limpio, porque le da identidad a mi ciudad, y por muchas otras razones. Un defensor con una visión ligada al territorio defiende la montaña porque es su madre. No es folclor o embeleso poético, es un reconocimiento claro de la identidad de quien te da la vida. Así lo dice Ailton Krenak:

> De nuestro divorcio con las integraciones e interacciones con nuestra madre, la Tierra, resulta que ella está dejándonos huérfanos, no sólo a los que en diferentes graduaciones son llamados de indios, indígenas o pueblos originarios, sino a todos.[91]

Quizá la mayor victoria hacia la que podemos encaminar nuestros esfuerzos es la de reconstruir ese vínculo sagrado que

---

[91] Ailton Krenak, *Ideias para adiar o fim do mundo*, São Paulo, Companhia das Letras, 2019. [La traducción de la cita es mía.]

existe con nuestra madre, vencer a nuestro tiempo y a la incomodidad que nos hace sentirnos irracionales, contraviniendo lo que se nos instruyó desde pequeños: "Tú no eres de este mundo, está la naturaleza y tú está arriba de ella". Ganamos cuando sanamos.

MÁS ALLÁ DE SIMPLEMENTE NO SEGUIR PERDIENDO

Hay una importante distinción entre dejar de perder y comenzar a ganar. No hago esta distinción sólo para deprimirnos, sino para impulsarnos a ser más ambiciosos en los objetivos que nos fijamos una vez que decidimos empezar a actuar. Naturalmente, el primer paso para ganar un partido de futbol es impedir que el equipo contrario nos siga goleando. Está muy bien lograr una buena defensa, pero en algún momento tendremos que ponernos la meta de comenzar a anotar goles también para remontar el marcador adverso. Ésa es la cuestión, frenar una mina a cielo abierto, impedir la construcción de un nuevo puerto de megacruceros, lograr la cancelación de un megaproyecto que amenaza la vida de las ballenas, todo eso es no perder. Son acciones que equivalen a milagrosas atajadas o una barrida limpia dentro del área.[92] La reforestación de un manglar en una zona impactada por la industria petrolera es empezar a ganar, el cierre de minas de carbón y el diseño de nuevas economías locales basadas en la restauración del suelo con agroecología es comenzar a ganar. Necesitamos imaginar cómo convertir en una victoria aquello por lo que hoy estamos luchando.

La intención de este mensaje no es desmotivar a nadie que esté resistiendo; muchas veces ése es el lugar desde el que podemos empezar a organizarnos y el tipo de lucha que sosten-

---

[92] Una disculpa por las referencias de hombre-fifa; sí lo soy, a veces.

dremos por varios años. Pero tenemos que levantar la mirada de vez en cuando e imaginar que no sólo no se chingaron a las ballenas, sino que podemos diseñar esquemas de restauración marina con las comunidades de pescadores para recuperar la enorme diversidad que es capaz de sostener el golfo. Hay que llenar nuestra imaginación con las travesuras de esos mundos posibles, ayudar a otras y otros a ver más allá del no perder y que todo siga como está hoy. Como lo explican en el Comité Invisible, se trata de lograr un balance entre avanzar en lo cercano, lo que nos toca el día de hoy, y el fin al que queremos llegar:

> Una fuerza política auténtica no puede construirse más que de lo cercano y de momento a momento, y no por la simple enunciación de finalidades. Por otro lado, establecer fines es también un medio. Uno sólo hace uso de ellos en situación. Hasta una maratón se corre paso a paso.[93]

Las victorias finales se construyen mediante esas proezas cercanas, algunas chicas y otras enormes; pero para saber a dónde queremos llegar hace falta enunciarlo. Parecería algo esencial, pero muchas veces sólo decimos qué es lo que no queremos que pase. Para sostener un movimiento a largo plazo necesitamos que se entienda hasta dónde queremos llegar. Muchas veces esas visiones de futuro se resumen en nuevas formas de justicia y de buen vivir, en lugares recuperados con naturaleza viva para todos los seres que habitan la zona. Las visiones de nuestro entorno local restaurado son poderosas, hay que presentarlas una y otra vez para que se vuelvan un imaginario colectivo, pues nos han repetido demasiadas veces que no hay otra opción, que si queremos tener trabajos debemos sacrificar

---

[93] Comité Invisible, *Ahora*, Logrono, Pepitas, 2017.

nuestra salud, que si queremos que haya "desarrollo" tiene que haber costos ambientales... Lo curioso es que el río envenenado nunca corre enfrente de la casa del dueño de la fábrica que lo envenena.

La lucha de las comunidades de El Salto y Juanacatlán, en la periferia de la ciudad de Guadalajara, son un gran ejemplo de resistencia de muchos años. Sus comunidades han sido sacrificadas por múltiples factores de forma despiadada. La cascada del río que divide a estos dos municipios una vez fue conocida como el Niágara mexicano; su gran caída era un atractivo natural que la gente acudía a ver. Hoy, esa cascada es un espectáculo envenenado que carga con el drenaje de Guadalajara y con los desechos tóxicos de los corredores industriales vecinos. Al río contaminado se suma la contaminación del aire por las mismas industrias, la depredación de los cerros vecinos por desarrollos inmobiliarios y el acaparamiento del agua. Un escenario como éste justificaría un profundo desánimo y el abandono de toda intención de lucha, pero ahí están las organizaciones como Un Salto de Vida resistiendo. No sólo resisten y denuncian a las empresas que los envenenan, sino que difunden su visión de otro mundo posible: sus "oficinas" son un impresionante vivero lleno de plantas y árboles nativos. No sólo frenan la destrucción, sino que ya están trabajando en construir las comunidades que quieren.

Frenar la destrucción, empezar a construir

Una de las estadísticas más repetidas al hablar de conservación es que 80% de la biodiversidad está en territorios de pueblos indígenas, que representan alrededor de 5% de la población. La estadística es sorprendente y constituye un poderoso argumento a favor de la cosmovisión indígena, en la que territorio, naturaleza y seres humanos coexisten como un todo sin destruir nada. Busqué el dato y lo encontré en un reporte del

WRI (World Resources Institute) de 2005.[94] Las cifras son extrañas por más de una razón y, en todo caso, resulta sospechoso que no se hayan actualizado después de veinte años, sin embargo, sirven para ilustrar dónde se está preservando la vida y construyendo la esperanza que necesitamos. Ahora bien, como advierte Yásnaya A. Gil, tampoco debemos romantizar a los pueblos indígenas; la relación que tienen con la naturaleza no es la misma para todos los pueblos originarios, y en algunos casos es más compleja que en otros. "Ni todo lo rural es indígena ni todo lo indígena es rural".[95] Sin embargo, en más de un sentido, los pueblos indígenas conforman periferias del mundo occidental y, en muchos casos, constituyen una resistencia de más de quinientos años al colonialismo y al capitalismo.

Esta última línea de defensa de los entornos naturales contra la voracidad capitalista —ya sea en sus formas legalizadas, como la minería o la extracción de hidrocarburos, o en las ilegales, como el narcotráfico— está en tensión con un modelo que necesita expandirse y que quiere extraer de los sitios que le eran inaccesibles. Para ello echa mano de nuevas tecnologías que abaratan costos o desarrollan infraestructura que permite extraer de donde antes era imposible, como el mal llamado Tren Maya en la Península de Yucatán. Del modo que sea, esta tensión no es nueva y está marcada por una historia de incesante violencia y búsqueda de exterminio de los pueblos que se van volviendo incómodos para el avance del capital.

Isidro Baldenegro siguió los pasos de su padre, Julio, quien desde los ochenta defendía la Sierra Tarahumara de la tala ilegal que se realizaba con la complicidad del gobierno local. Julio fue asesinado en 1986, y su hijo continuó con la defensa

[94] United Nations Development Programme, *World Resources 2005. The Wealth of the Poor*, World Resources Institute. Disponible en: https://www.wri.org/research/world-resources-2005-wealth-poor
[95] Yásnaya A. Gil, *Ää: manifiestos sobre la diversidad lingüística*, México, Almadía / Bookmate, 2020.

de su territorio, lo que lo llevó a que en 2005 ganara el Premio Goldman, conocido como el Nobel medioambiental. Junto con su comunidad rarámuri denunció al crimen organizado y a los empresarios que continuaban con la tala en la sierra. La incomodidad que representaba para estos grupos condujo a que en 2017 Isidro fuera asesinado después de recibir múltiples amenazas. ¿Cuántos bosques le debemos a defensores como Isidro y Julio? ¿Cuánta vida es resguardada por esos defensores indígenas y no indígenas que defienden con su cuerpo lo que es de todas y todos?

En 2020 realicé un podcast con la periodista ambiental Violeta Meléndez titulado *2050: El fin que no fue.*[96] Es una ficción futurista en la que imaginamos que los ríos, las montañas y los bosques que tendremos en 2050 llevarán los nombres de sus defensores y defensoras. A la entrada de un bosque habrá, por ejemplo, una placa que informe que la vida que sigue en pie fue defendida por mujeres y hombres que plantaron cara a asesinos. La siguiente información complementa la estadística que daba al inicio de esta apartado, pero su fuente es mucho más actualizada: en 2023 asesinaron a 196 defensores del territorio, 166 de ellos eran de América Latina. Colombia, Brasil y México son los países de los que provienen más defensores asesinados. A nivel global, casi la mitad de las y los defensores asesinados ese año fueron de comunidades indígenas; en México el porcentaje ha llegado a ser del 80%.[97]

La violencia a la que se recurre para hacer avanzar las empresas y los proyectos destructivos es aplastante, pero también

---

[96] Podcast producido por Esto No Es Radio. Puede escucharse en: https://open.spotify.com/show/0beulhwTNvubsYQqfjMe8e?si=3ec9a7eb-ca7a4d08

[97] Global Witness, *Voces silenciadas. La violencia contra las personas defensoras de la tierra y el medioambiente*, septiembre de 2024. Disponible en: https://globalwitness.org/es/campaigns/land-and-environmental-defenders/voces-silenciadas/

muestra un capitalismo cada vez más desesperado y eso constituye una derrota ante la organización y la perseverancia de quienes se niegan a perder la dignidad, a someterse a ser borrados por el sistema y a soltar su tierra, su vida y su mundo. Cuando las tácticas habituales de despojo dejan de funcionar, se ven obligados a recurrir a la violencia. Redes como Futuros Indígenas y organizaciones como el Fondo de Defensores trabajan para acompañar la labor de las comunidades que defienden su territorio; nuestros países están llenos de personas que sostienen la vida, resulta urgente que conozcamos sus luchas antes de que lleguen las manos asesinas, antes de que sean un número más en la estadística negra que se repite año con año.

La resistencia de las comunidades que viven de forma autónoma no sólo molesta al impedir el avance de megaproyectos y la extracción de "recursos" que en realidad son sustentos de vida. La principal amenaza de las autonomías indígenas o no indígenas al modelo capitalista es que muestran que los valores de este paradigma económico son inútiles, incluso la existencia misma del modelo. Cuando existe articulación y una relación armónica con el territorio, el capitalismo y el Estado, su fiel servidor, son innecesarios. Una comunidad que sabe cultivar y cuidar de la tierra no necesita los insumos de fertilizantes provenientes del petróleo; una buena selección y resguardo de semillas criollas devalúa cualquier semilla híbrida incapaz de seleccionarse después de la primera cosecha. Esta autonomía puede y debe discutirse para trasladarse al intercambio entre comunidades y para la provisión de servicios que resultan más difíciles de solventar desde una sola localidad.

La autonomía de algunas comunidades que están fuera del alcance del modelo económico o cuyas interacciones son marginales retan al modelo hegemónico al ser capaces de subsistir y no colapsar por más que no tengan la tecnología y la conectividad global que se presume desde el capitalismo. Esto aplica para las pocas comunidades sin contacto con el resto del mundo que aún resisten en el interior de la Amazonia o en los ejemplos de autonomía adquirida, como en el caso de las comunidades del EZLN o Cherán. La existencia de estos últimos resulta aún más amenazante al mostrar que es posible reconstruir una autonomía que se creía perdida, arrebatada por un modelo que puso como condición de progreso un violento divorcio con la naturaleza. La activista indígena Nemonte Nenquimo, miembro de la nación Waorani, plasma en su libro *Seremos jaguares* la ira que le provocó ver a su comunidad despojada del agua por la industria del petróleo en la Amazonia ecuatorial: "Escupí en el camino, escupí en el largo dedo del mundo del hombre blanco que se enrollaba, curvaba y cortaba nuestros bosques. Escupí en la lengua de boa de la civilización que convirtió a mi gente de cazadores, recolectores y chamanes en mendigos descalzos en nuestras propias tierras".[98]

La organización autónoma siempre representará una amenaza al capital y al Estado, por ello necesitan sofocarla con rapidez, para que sigamos creyendo que no tenemos la posibilidad de construir fuera de ellos. Esto lo sostienen incluso en contextos de emergencia donde la organización autónoma está salvando la vida de terceros. El caso de la supresión de la reacción ante el sismo de 2017 en la Ciudad de México fue muy revelador. La realidad es que la autonomía nos permite no sólo encontrar las formas para resistir, sino para construir fuera de las condiciones que nos impusieron para ser parte de la misma destrucción, reduciendo nuestra capacidad no sólo de acción, sino hasta de imaginación.

---

[98] Nemonte Nenquimo y Mitch Anderson, *Seremos jaguares*, Barcelona, Urano, 2024.

ES AQUÍ, ES AHORA Y ES CON USTEDES

> *Pero yo quiero,*
> *de verdad que quiero imaginarlo [el futuro].*
> *Porque puede que tú estés ahí.*
>
> HANNAH ARNESEN

Quien haya participado en una marcha o en una movilización ha sentido la fuerza de ser parte de la suma de una colectividad. Ir caminando por los carriles centrales de una avenida de mi ciudad me da una perspectiva distinta del espacio; hacerlo con otras miles de personas me llena de una certeza de que todo es posible. En esas ocasiones también he sentido la importancia de sumarme sabiendo que sería uno entre miles y sabiendo que comparto esa conciencia con el resto. Es decir, es probable que en algún momento nos pase por la cabeza la idea de "si no voy no pasa gran cosa", pero si todos pensáramos igual y cediéramos al impulso no habría marcha. Si alguna vez te has cuestionado "¿por qué nadie hace algo?", muy probablemente ese alguien que esperas eres tú y las personas a las que puedes movilizar. De nuevo, el Comité Invisible da al clavo: "No hay yo y el mundo, yo y los demás, hay yo, con los míos, en este pequeño pedazo del mundo que amo irreductiblemente. Ya hay bastante belleza en el hecho de estar aquí y en ningún otro lugar".[99]

Es ahora. No tenemos tiempo y ésta es una máxima que hay que manejar con cuidado. Si a alguien le queda alguna duda de la urgencia, puede volver al primer capítulo. Estamos en una situación crítica en la que nuestro involucramiento no puede esperar más. Las acciones que tomemos tampoco pueden seguir tiempos mesurados, deben tener rutas para la velocidad y como organizaciones y colectivos debemos priorizar las

---

[99] Comité Invisible, *Ahora*, Logrono, Pepitas, 2017.

acciones. Esto nos ha funcionado en Conexiones Climáticas, pero también ha sido un dolor de cabeza. Hemos tenido que aprender sobre la marcha a identificar oportunidades reales y urgentes de prisas ficticias. Escribamos en piedra; aunque hay prisa, tenemos que llegar completos.

Es aquí. No tienes que viajar lejos, cambiar de ciudad, mudarte a Nueva York para acudir con regularidad a las Naciones Unidas o reinventar tu profesión.[100] El trabajo que toca hacer puede empezar en donde te encuentres. Quizá ya sabes qué es ese algo que quisieras que cambie, lo ves con regularidad y no te has atrevido a dar el siguiente paso. Empieza por hablarlo, compartir da forma a las posibilidades de lo que puede ocurrir. No todas las ideas van a funcionar y una vez que las compartimos es muy probable que algunas cambien y se vuelvan irreconocibles; las ideas no tienen dueños y se vuelven fuertes cuando más de una persona carga con ellas, así que compartir lo que queremos hacer también es un acto de desapego.

A continuación repasaré algunas de las victorias que conozco y algunas en las que he tenido el privilegio de participar de cerca. No todas son victorias absolutas, es decir, forman parte de luchas que se siguen librando, pero todas ofrecen esperanza y lecciones valiosas por aprender. Espero que sirvan de inspiración para quien quiera usarlas de referencia.

Cuando somos muchos: victorias comunitarias

Para la serie de documentales *El Tema*,[101] entrevistamos a personas de los Pueblos Unidos de la Región Cholulteca y de los

---

[100] Salvo que te dediques a la expansión de los combustibles fósiles, entonces sí, por favor, por lo que más quieras en este mundo, literalmente cambia de profesión.

[101] Cortos documentales sobre la crisis climática en México producidos por La Corriente del Golfo en los que Yásnaya A. Gil y Gael García Bernal

Volcanes en el estado de Puebla. De estas comunidades había surgido una poderosa reacción que llevó a la toma de la planta de Bonafont —una embotelladora de agua de la multinacional Danone—, con el objetivo de suspender su extracción de agua. Paloma nos platicó cómo un día los pozos artesanales de las comunidades de esta región se quedaron sin agua. Esta zona entre volcanes siempre ha tenido mucha agua y la única forma de abastecimiento han sido los pozos, mismos que de pronto sólo devolvían lodo. Las comunidades se juntaron en una amplia asamblea y más de veinte pueblos nahuas se organizaron y decidieron: "No hay de otra, tenemos que tomar la planta y que dejen de sacar el agua".

El número de personas convocadas y la contundencia de una región entera articulada volvió imposible que les impidieran tomar el control de la planta. Bonafont estaba extrayendo diariamente 1 641 000 litros de agua. En masa, furiosos y con la determinación de exigir justicia, las y los comuneros tomaron la planta con éxito. La empresa argumentaba que el agua que extraían provenía de pozos profundos y que su actividad no afectaba la disponibilidad de agua en la región. Pero los pozos de agua les dieron la razón a las comunidades, a los dos días volvió el agua a los pozos. A los dos meses resurgieron ojos de agua que no habían corrido en veinte años (Bonafont tenía 29 años extrayendo agua). La entrevista que grabamos con Paloma fue precisamente en uno de esos nacimientos de agua resucitados. Había jóvenes de veinte años de edad que descubrían una nueva geografía en su comunidad, una llena de agua y de posibilidades para la siembra y para la vida.

La planta fue transformada en un espacio de resistencia, se le cambió el nombre a Altepelmecalli, que significa "la casa de

fungen como testigos de lucha climática en distintas partes de México. Puedes verlos aquí: https://lacorrientedelgolfo.net/proyecto/el-tema/

los pueblos".[102] El 15 de febrero de 2022, once meses después de que iniciara la ocupación, elementos de la Guardia Nacional y policías estatales de Puebla desalojaron a las comunidades, en medio de intimidaciones y amenazas a quienes se atrevieron a grabar. Bonafont cerró definitivamente su pozo de agua y ahora su planta sólo funciona como centro de distribución. Aunque fueron desalojados, la organización de la comunidad sigue más que vigente y lista para defender lo que han recuperado.

Me estimula la imaginación este relato, me gusta ponerme a pensar en cuánto podemos recuperar y qué tan rápido veríamos los resultados de nuestras acciones. ¿Qué pasaría si cerraran embotelladoras de cerveza que se han instalado en regiones desérticas?[103] ¿Cuánto tardaría el río Santiago en dejar de ser un canal de veneno si cerraran las fábricas que hoy lo usan de vertedero tóxico? La vida que deseamos, la que nos permitiría resolver las necesidades de cuidado y sustento para las personas que hoy trabajan en esas mismas industrias, está más cerca de lo que imaginamos. La imaginación de un mundo vivo que no está tan lejos me parece uno de los motores más potentes para resistir y para exigir que lo que ha sido una injusticia por 29 años (o más) deje de serlo.

Cuando somos creativos: victorias de campañas creativas

A finales de 2023, varias ciudades mexicanas enfrentábamos una venenosa calidad de aire, ya tradicional. Entre las organizaciones y colectivos que participábamos en una red de trabajo contra el cambio climático, repasamos los fracasos de los mensajes que se habían lanzado a lo largo de varias décadas

---

[102] El episodio 1 de la segunda temporada de *El Tema* y este artículo hablan de la resistencia cholulteca: https://avispa.org/sobre-las-ruinas-de-bonafont-se-construye-altepelmecalli-la-casa-de-los-pueblos/

[103] Heineken en Delicias, Chihuahua, o Corona en Piedras Negras, Coahuila.

para combatir la contaminación del aire. Había organizaciones, como el Comité Ecológico Integral (CEI) de Monterrey, que habían buscado posicionar el tema desde la salud de las niñas y niños; las campañas de este colectivo de mamás habían incomodado, pero al cabo de un tiempo los medios dejaban de dar cobertura a los datos y argumentos del grupo. Otras organizaciones como Redspira habían construido redes ciudadanas de monitoreo que desplegaban los datos de contaminación en tiempo real, pero las autoridades parecían inoculadas contra lo que esos datos indicaban. Se nos ocurrió probar entonces un ángulo distinto, lejos de la seriedad del tema, y apelar a la defensa del futbol.

Como en muchos países de Latinoamérica, en México el futbol es lo más importante de lo menos importante, y en todas las ciudades que estábamos las organizaciones de la red había un equipo al cual defender. La propuesta era hacer una rueda de prensa pidiendo mejorar la calidad del aire de nuestras ciudades para "Salvar el Futbol". El boletín de prensa señalaba sarcásticamente que la mala calidad del aire también impactaba a las infancias, pero que esto era irrelevante considerando su falta de rendimiento deportivo. Las imágenes que acompañaron a la campaña llamaban a las autoridades a proteger el aire que respira Gignac (delantero del club Tigres) o a cuidar el rendimiento de Licha Cervantes (goleadora de las Chivas). La prensa no sabía cómo reaccionar a la movilización que hicimos, pero igual nos cubrieron porque los datos eran reales.

Hicimos nuestra tarea, encontramos que, en 2023, en el caso de Monterrey la mitad de los partidos se habían jugado en condiciones insalubres; para el caso de las Chivas de Guadalajara, los partidos jugados fuera de la norma que marca la Organización Mundial de la Salud llegaban a 68%. Al revisar las condiciones de juego de los equipos femeniles, nos dimos cuenta de que, en todos los equipos analizados, las mujeres habían jugado con peores condiciones que los equipos varoniles.

La razón detrás de esto es que las mujeres juegan en días hábiles y en horarios en los que suele haber más tráfico; por consecuencia sus partidos tienen peor calidad del aire.

De la cobertura surgieron algunas notas que cuestionaban si Monterrey podía ser sede mundialista, considerando estas condiciones. Con el recrudecimiento de la contingencia ambiental a principios de 2025, la semilla sembrada rebrotó con más fuerza. Desconozco si Monterrey conserve su categoría de sede mundialista, pero la presión ciertamente ayuda. Como dije, no es una victoria, pero fue una resistencia, desde la que hoy se sigue construyendo y empujando.

Otra victoria vino de una acción aún más pintoresca. En febrero de 2022, lanzamos una campaña llamada #SobornemosSEMARNAT con organizaciones de La Paz y Cozumel (sí, de las dos penínsulas). La SEMARNAT es la Secretaría de Medio Ambiente y Recursos Naturales, misma que estaba dando su visto bueno a la construcción de dos puertos para megacruceros, a pesar de la evidencia que indicaba que había especies que debían estar bajo protección especial y que estos monstruosos barcos traerían una multiplicidad de impactos a los ecosistemas marinos de La Paz y al caribe mexicano en Cozumel.

La campaña buscaba llamar la atención, el caso había sido poco cubierto por los medios locales y nada por la prensa nacional. Durante cuatro fines de semana, activistas se plantaron en los malecones de las dos ciudades costeras con una manta, playeras de la campaña y botes para recolectar los donativos para el soborno ciudadano. La imagen era tan extravagante que los medios empezaron a cubrir las extrañas apariciones. Al cabo de los boteos se habían juntado alrededor de veinte mil pesos y decidimos que había que llevar ese dinero a la SEMARNAT. Convocamos a la prensa avisando la intención de la movilización y llegamos vestidos de animales marinos —tiburones, tortugas, pulpos, peces—. Nuestra vocera llevaba un traje de neopreno y visor de buza. Éramos menos de veinte personas, pero llamábamos la atención con nuestros trajes y máscaras, lo suficiente para que los medios se fueran con una buena foto para sus redacciones. Las autoridades nos recibieron y no supieron cómo interactuar con la fauna marina que se había dado cita a las afueras de sus oficinas, nadie fue sobornado, pero al día siguiente veinte medios nacionales presentaron la noticia de la peculiar activación.

Una semana después de la acción, el promovente del puerto de megacruceros en La Paz retiró el proyecto: la presión funcionó y habíamos ganado.[104] La lucha por frenar el puerto en Cozumel sigue y hay nuevas amenazas para La Paz; muchos de éstos son proyectos zombis, con los que es necesario acabar muchas veces. Quien quiera sumar a la lucha en La Paz puede seguir en redes al Colectivo Torpedo y a la infalible organización local BCSicletos; para Cozumel está Colectivo Manglares y NoAlCuartoMuelle.[105]

Cuando somos pacientes: victorias de largo aliento

Uno de mis primeros acercamientos a la defensa del territorio fue en Temacapulín, en los Altos de Jalisco, donde escuché a las personas de una comunidad que estaba siendo desplazada para dar paso a la construcción de una gigantesca represa. La presa del Zapotillo estaba diseñada para inundar los pueblos

---

[104] Aquí está la nota por la que se dio a conocer la victoria: https://www.excelsior.com.mx/nacional/tras-intensa-campana-de-protestas-retiran-proyecto-de-mega-cruceros-en-la-paz/1506204

[105] Si alguien quiere saber de victorias creativas y poderosas, les recomiendo el podcast *Periodismo de lo posible*, una fascinante colección de historias de resistencia y victorias comunitarias. El podcast es realizado por La Sandía Digital, Quinto Elemento Lab, Redes por la Diversidad, Equidad y Sustentabilidad y Ojo de Agua Comunicación, y se puede escuchar aquí: https://open.spotify.com/show/4OMN4Wbkpto4lqP93c84Y6?-si=30ae145519d644a3

jaliscienses de Temacapulín, Acasico y Palmarejo; el agua sería enviada a Guanajuato para alimentar un nuevo parque industrial. Esto último se modificó en el discurso oficial múltiples veces para esconder el destino del agua. La oposición fue creciendo y resultaba difícil justificar la desaparición de tres pueblos enteros para que se instalaran empresas en Guanajuato y éstas chuparan más agua.

Desde 2008, Temacapulín se convirtió en el centro de la resistencia contra este megaproyecto. La lucha fue larga e implicó muchas etapas y alianzas con organizaciones nacionales e internacionales. El IMDEC (Instituto Mexicano para el Desarrollo Comunitario) fue clave para vincular la lucha de Temacapulín con otras resistencias internacionales. Se trabajó en crecer el perfil histórico del pueblo, dado que lo primero que intentaron las autoridades fue menospreciar la existencia del lugar. Su origen es previo a la Conquista, pues se trata de un lugar de paso estratégico. Uno de los cerros tiene escrito: "Desde el s. VI, Temacapulín te saluda".

En 2011, se giraron órdenes de aprehensión contra miembros de la comunidad. Las autoridades federales y estatales querían que el proyecto se construyera a toda costa, sus métodos pasaron de las dádivas a las amenazas, incluyendo la intimidación y el acoso a los líderes de la resistencia. En la visita que hice como estudiante a la localidad nos llevaron a conocer las casas del "Nuevo Temacapulín", en la parte alta de un cerro. Llegamos a un fraccionamiento al estilo de los que abundan a las afueras de Guadalajara, con dos cajones de estacionamiento y espacios habitacionales con los que una familia urbanita se daría por bien servida. No tenían ninguna relación con las casas de patios amplios y solares llenos de plantas y árboles frutales en los que habitaba la población campesina de Temacapulín. Hubo quienes desistieron y aceptaron los distintos regalos de las autoridades, incluso volviéndose contra quienes no lo hacían.

Resistieron por más de doce años. A lo largo de este tiempo hubo momentos de todo tipo, pero al final alcanzaron un acuerdo presidencial con el presidente López Obrador de limitar la altura de la cortina de la represa, de tal forma que los tres pueblos no tendrían que ser reubicados. La lucha ahora contempla un plan de justicia que siguen exigiendo a la nueva administración federal.

Cuando nos dejamos de pendejadas: victorias desde alianzas improbables

En medio de la guerra civil española, en la que el fascismo se enfrentó a un gobierno democráticamente electo, las facciones que le hicieron frente al ejército de Franco tenían importantes diferencias entre sí, incluso se percibían como fuerzas políticamente enemistadas. Anarquistas y comunistas parecían irreconciliables; sin embargo, el recuento de George Orwell sobre el frente de batalla demuestra que era posible poner un alto, aunque fuera por un momento, a las enemistades internas para frenar el avance fascista:

> Era extraño cómo el espíritu general parecía cambiar cuando te acercabas a la línea del frente. Todos, o casi todos, los odios viciosos entre los partidos políticos se evaporaban. Durante todo el tiempo que estuve en el frente, no recuerdo ni una sola vez que un simpatizante del PSUC [Partido Socialista Unificado de Cataluña] me mostrara hostilidad por ser del POUM [Partido Obrero de Unificación Marxista].[106]

La imposibilidad de colaborar por encima de las diferencias ideológicas terminaría por causar fuertes estragos al frente

---

[106] George Orwell (1938), *Homage to Catalonia*, Londres, Penguin Books, 2003. [La traducción de la cita es mía.]

republicano. Pero en otros lugares se han logrado construir alianzas desde lo insospechado. Una que sigue en desarrollo surgió en 2025 en la Argentina gobernada por el ultraderechista Javier Milei. Tras el anuncio de una nueva reducción a las pensiones de los jubilados —disposición que coincidía con la reducción de impuestos para la compra de autos de lujo—, las y los jubilados de Argentina convocaron a marchas semanales todos los miércoles contra estas medidas de austeridad. Los testimonios de las y los jubilados son de lo más impactante, confiesan que han reducido su número de comidas al día, ya que la jubilación mínima no cubre ni una tercera parte de lo que se calcula para la canasta básica. Una de las marchas de jubilados terminó en represión y violencia por parte de la policía. La reacción fue muy extraña.

Las barras bravas de los equipos de futbol comenzaron a convocar a sus seguidores a "hacerle el aguante a los jubilados". No sólo de Buenos Aires, sino también de otras ciudades vecinas, llegaron camiones con hinchas de futbol dispuestos a aliarse más allá de las diferencias entre sus equipos en favor de los jubilados. Nadie lo veía venir. De pronto, una manifestación repetida con poca cobertura y conformada en su mayoría por personas de la tercera edad se vio fortalecida y escalada por barras bravas que se enfrentaron a la policía en condiciones menos desventajosas que en las que estaban los jubilados. No había necesidad de darle muchas vueltas, cuando los periodistas preguntaban a las barras: "¿Qué los tiene en una marcha de jubilados?", la respuesta era fácil: "Mañana yo seré jubilado y espero que alguien pelee por mis derechos", o: "Con mis viejos no se van a estar metiendo".

La alianza dejó mal parado a un gobierno que estaba sorteando protestas relativamente sencillas. El nuevo clima de descontento y represión generalizada se asemeja al panorama en el que otros presidentes de Argentina han terminado renunciando a su cargo. Regresando una vez más al Comité Invisible:

"La única medida del estado de crisis del capital es el grado de organización de las fuerzas que pretenden destruirlo".[107]

Hay fuerza en las alianzas para las que nuestra oposición no tiene referentes. Hay alianzas insospechadas en cada lucha, ganamos esperanza cuando ampliamos nuestra base, cuando nuestra lucha ya no sólo es nuestra sino de muchas y muchos. Para no dejar este apartado sin un ejemplo de lucha climática, contaré la siguiente experiencia: en Francia se oponen a unas medidas de apoyo a la agroindustria que consisten en la construcción de megabalsas o reservas de agua para las épocas de sequía. El problema es que el agua que se represa es agua que deja de correr, lo que tiene impactos graves para los ecosistemas y para los pequeños agricultores. Los ambientalistas parecían ser los únicos interesados y eran fácilmente descalificados con las mismas retóricas económicas de siempre, hasta que se sumaron a sus movilizaciones los campesinos. Estos últimos coincidieron en la importancia del argumento ambiental y no sólo sumaron su legitimidad como gremio, sino que llegaron con tractores y otras maquinarias que resultaron esenciales para cuando se hacían las ocupaciones de terrenos en los que el gobierno pretendía construir las llamadas megabalsas. La invitación que lanzaron a la movilización masiva Sublevaciones por la Tierra y la Confederación Campesina decía: "Invitamos calurosamente a esta cita a todas las personas de cualquier parte del mundo que no tengan previsto contemplar el 'fin del mundo' desde su sofá".[108]

---

[107] Comité Invisible, *Ahora*, Logrono, Pepitas, 2017.
[108] Varios autores, *Alzadas por la Tierra. El renacimiento de las luchas por el clima: Soulèvemnts de la Terre, Lützerath y Atlanta*, Barcelona, Descontrol, 2023.

RAZONES PARA LA ESPERANZA

Pero toda sombra es, al fin y al cabo,
hija de la luz y sólo quien ha conocido
la claridad y las tinieblas, la guerra y la paz,
el ascenso y la caída, sólo éste ha vivido de verdad.

STEFAN ZWEIG

Es normal que nos falten razones para tener esperanza. Es normal la tristeza que sentimos y, una vez que la digerimos, es normal el enojo que cargamos. No hay necesidad de reprimir lo que estamos sintiendo o de avergonzarnos por no ser capaces de tener una actitud positiva ante el colapso del mundo como lo conocemos. Pero también siguen presentes las razones para levantarnos y luchar. Es lo que nos queda, la irreductible necesidad de resistir, eso nos vuelve poderosas y poderosos. También es verdad que, como dice Mary Annaïse Heglar, nuestro hogar sigue valiendo la pena, eso no ha cambiado. Si queda sólo la mitad de las especies de mariposas que solía haber, por esa maravillosa mitad seguiremos en la lucha; si nos quitan un río pelearemos por sus ramales; si nos quitan la tierra, pelearemos por el agua.

Usarán la violencia, porque es lo que les queda, porque no saben construir. Su idea de crecimiento no es más que la de la ampliación del sacrificio que han propagado sobre la Tierra. Audre Lorde desnuda la falta de poder escondida en el uso de la fuerza: "Aún sabemos que el poder de matar es menor que el poder de crear, porque produce sólo un final en lugar del comienzo de algo nuevo".[109] Seamos ágiles, cautos, creativos, divertidos, serios, impredecibles, furiosos a ratos, juguetones a otros; que dentro de lo que nos quiten nunca esté el derecho

---

[109] Audre Lorde (1984), "Eye to Eye: Black Women, Hatred, and Anger", *Sister Outsider*, Berkeley, Crossing Press, 2007.

a decidir cómo hemos de enfrentar lo que sigue, cuál será la cara que pondremos frente a ellos.

Hay esperanza en el encuentro, en la sencillez de una reunión de gente que sabe que no está bien lo que está ocurriendo y que está dispuesta a enfrentarlo. Ursula K. Le Guin lo dijo así:

> Sabemos que no hay ayuda para nosotros salvo la que podemos darnos los unos a los otros, no hay ninguna mano que venga a salvarnos si no estiramos nuestra mano. Y la mano que alcanzas está vacía, al igual que la mía. Tú no tienes nada. Tú no posees nada. Eres libre. Lo único que tienes es lo que eres, y lo que das.[110]

Hay esperanza en el amor que sentimos los unos por los otros y por el mundo que habitamos. Hay esperanza en la belleza que no han logrado borrar y en la vida que sigue surgiendo a pesar de que algunos ya quisieran firmar un certificado de defunción. Hay esperanza en entender lo que está pasando y, por lo tanto, atesorar aún más la luciérnaga que se asoma en una noche de agosto o la mariposa que sale de su capullo en el patio de tu casa. Hay esperanza no en asegurar que todo va estar bien, sino en saber que todo lo vamos a poder pelear. Hay esperanza en que podemos disfrutar este mundo y cambiar el ritmo como lo dice el campesino japonés Masanobu Fukuoka: "La extravagancia del deseo es la causa fundamental que ha conducido al mundo a su actual predicamento. Lo rápido en lugar de lo lento, más en lugar de menos, ese deslumbrante 'desarrollo' está ligado directamente al inminente colapso de la sociedad".[111]

---

[110] Ursula K. Le Guin (1974), *The Dispossessed*, Nueva York, Harper Voyager, 1994. [La traducción de la cita es mía.] Segundo aviso: lee *Los desposeídos*.

[111] Masanobu Fukuoka (1978), *The One-Straw Revolution*, Nueva York, New York Review Books, 2009. [La traducción de la cita es mía.]

Hay esperanza en lo lento y en lo cercano. Quien esté ansioso por empezar a hacer algo que pruebe con un huerto en su casa. Cosas profundas se mueven en nuestro ser cuando logramos que algo germine y valoramos los tres tomates que nos da nuestra planta porque reconstruimos algo que no sabíamos que estaba roto. Nos damos cuenta de que seguimos siendo capaces de cuidar y que, en realidad, no somos más que la propia naturaleza defendiéndose a sí misma. Ese huerto puede ser una pequeña reunión en la sala de una casa o en un salón de escuela; los tomates pueden ser las tres personas que lleguen y que comiencen a acompañarse en las inagotables formas que puede tomar la esperanza.

Hay toda la vida por defender.

EPÍLOGO
CARTA A MARÍA Y LUCIO

Esta carta fue lo primero que escribí de *El libro de la esperanza climática*. Empiezo por el final, que es a donde quiero llegar, así no pierdo el rumbo. Quiero hablarles de esperanza, porque les será importante para lo que tienen delante. No sé cuándo leerán estas palabras, pero hoy tienen seis y tres años, y hay mucho que pienso sobre el futuro que tendrán. Quizá verán una historia plagada de violencia desenfrenada y avaricia desmedida que condujo al planeta a una terrible crisis. O quizá verán la historia de la victoria de los de abajo, de lo pequeño organizándose al punto de mover, cambiar y cuidar.

Su mundo vale la pena. El planeta que habitan es hermoso, poderoso en su capacidad de dar y sostener vida, tierno en la forma que depende de lo minúsculo, de lo invisible. Vale la pena cuidar, porque en el cuidar está la única esperanza. Viajé mucho durante los meses que escribí este libro, hablar de cuidados puede sonar hipócrita cuando fueron muchos los días y las noches en las que no fui yo quien los cuidó. Pero me atrevo a hacerlo para hablarles de su madre, Sofía, porque con ella es más fácil definir a la Tierra, y los cuidados que sostienen la vida. La esperanza está en lo cotidiano, no en lo lejano y alumbrado por los reflectores. Está en los ciclos, en la repetición, en el agua que moja la tierra y despierta la semilla, que crece en planta, que capta el agua, que sale en forma de rocío que moja la tierra y se evapora para ser de nuevo lluvia. La presencia que cuida con comida, con juegos, cuentos y canciones.

Sepan que hicimos todo. Ésa es mi esperanza, mirarlos a los ojos con tranquilidad, con la paz de que movimos todo lo que se podía, que no nos detuvieron tonterías como los celos o los pleitos banales, que pusimos nuestra fuerza, creatividad y sueños para salvarles un mundo bonito. Que construimos comunidad, que nos rodeamos de personas con quienes podrán cuidar y cuidarse, que dejamos atrás las formas violentas de organizarnos y construimos nuevas. Que miramos lo pequeño con asombro y lo defendimos con arrojo. Que salvamos ríos, cerros y mares de la destrucción a la que los habían condenado. Que les enseñamos a ustedes a valorar la vida por encima del dinero, que salvamos a las ballenas y a las libélulas, que lo dimos todo para salvar salvándonos.

A veces tengo miedo, y está bien. El miedo me recuerda que es importante eso por lo que estamos luchando. Quizás ustedes también sientan miedo, quizá tengan que enfrentarse a más cosas que no conozcan y que no puedan controlar. Decía una amiga que hay que compartir los malos sueños para que pierdan poder sobre nosotros. Compartir es la clave para mantener el miedo a raya; compartan, sean muchos, sean comunidad y no individuos. El individualismo nos dejó en esta crisis: cuando dejamos de ver por los demás y dejamos de cuidarnos, perdimos el rumbo.

Amen el mundo que habitan y preserven la esperanza en reconstruir lo que está roto; amen cada forma de cuidado que nos sigue dando esta Tierra herida; sean para este mundo lo que fueron para su madre y para mí: la mejor noticia posible.

AGRADECIMIENTOS

Como todas las cosas que valen la pena, este libro se logró a partir del trabajo colectivo y con mucha ayuda, por eso me es importante agradecer. Primero a quienes acompañaron el proceso, empezando por Romeo Tello Arista, mi editor y guía para que este libro pasara de las ideas a la realidad. A mi carnal, Carlos Tornel, que lo leyó con atención y que fungió como brújula ideológica. A Yásnaya A. Gil, que, además de leerlo y mejorarlo infinitamente con su prólogo, lo inspiró desde una esperanza practicada. A Tito Garza Onofre, por animarme a escribirlo y ponerme en el lugar y la hora correcta para que encontrara editor. A Ashley Frangie, por ayudarme a aterrizarlo. A Hannah Arnesen, por sus catalizadoras conversaciones sobre esperanza.

Sigo con quienes he caminado la esperanza. Agradezco profundamente a las y los defensores del territorio, especialmente de quienes he podido aprender de cerca: Cristina Auerbach, en la carbonífera; Lucho Rivera y Diana Lugo, en los cerros de Chihuahua; Andy Villarreal y las mamás del Comité Ecológico Integral, en Monterrey; las y los compas de Un Salto de Vida; el Vamp Mancilla y Vanessa Prigollini, en La Paz, y a Pepe, Eva y Rodo, en El Grullo y El Limón. Las luchas de estas personas y muchas más son la prueba de que otro mundo no sólo es posible, sino que viene en camino. Al grandioso equipo de Conexiones Climáticas, con quienes tengo el enorme honor de poner en práctica mucho de lo que aquí escribí:

Alejandra Silva, Alekz Águila, Ana Lilia Martínez, Cinthia Garza, Claudia Campero, Claudia Lizardo, Itzel Galván, Liz Escobedo, Javi Domínguez —ilustrador de la bellísima portada—, Juanma Orozco, Natalia Lecuona, Mariana Rodríguez, Miguel Torres, Mina Morsán y Montserrat Ledezma —quien fue la primera persona en creer en este espacio de organización—, y a los que primero confiaron en nosotros: Ale Jiménez, Dolores Rojas, Jorge Villarreal y Pablo Ramírez. A Gael García Bernal, que creyó en las historias que podíamos contar juntos y que dio pie a mucho caos rizomático. A mi mamá y a mi papá, que me enseñaron una primera forma de esperanza, dejando claro que siempre hay algo por hacer.

Finalmente, a mis inagotables fuentes de esperanza: a María y a Lucio, por sus atinadas interrupciones (incluso mientras redacto estos agradecimientos), y por sus ojos, que son capaces de fascinarse por la mucha belleza de este mundo, dejando en claro que todo lo que hay en él vale la pena ser salvado. Por supuesto, a Sofía Valenzuela, por platicar durante años de un libro que no existía y darle forma a las ideas y a los sueños, por fletarse el cuidado de los antes mencionados para espaciar sus interrupciones y permitirme escribir, pero, sobre todo, por llenar de vida la mía y ser en sí misma esperanza desde el cuidado, el amor y su magia por hacer este mundo un lugar más bonito.

Esta obra se terminó de imprimir
en el mes de agosto de 2025,
en los talleres de Impresora Tauro, S.A. de C.V.
Ciudad de México.